高等院校计算机任务驱动教改教材

网络服务器搭建、配置与管理

——Windows Server 2016

（第4版）

（微课版）

杨 云 张文硕 许 驰 主 编
薛立强 郑 泽 王 瑞 副主编

U0367902

清华大学出版社
北京

内容简介

本书从网络的实际应用出发,按照"项目导向、任务驱动"的教学改革思路进行教材的编写,是一本基于工作过程导向的工学结合的教材。

本书包含 12 个项目,内容包括规划与安装 Windows Server 2016,管理活动目录与用户,管理文件系统与共享资源,配置与管理基本磁盘和动态磁盘,以及配置与管理打印服务器、DNS 服务器、DHCP 服务器、Web 服务器、FTP 服务器、数字证书服务器、VPN 服务器、NAT 服务器。每个项目的后面是项目实训及工程案例。书后附带"管理组策略"等 27 个电子活页教学项目和 2 个电子活页实训。

本书既可以作为应用型本科和高职院校计算机类专业理论与实践一体化教材,也可以作为 Windows Server 2016 系统管理和网络管理的自学指导书。

图书在版编目(CIP)数据

网络服务器搭建、配置与管理:Windows Server 2016:微课版/杨云,张文硕,许驰主编. —4 版. —北京:清华大学出版社,2022.6(2023.1重印)

高等院校计算机任务驱动教改教材

ISBN 978-7-302-60872-1

Ⅰ. ①网…　Ⅱ. ①杨… ②张… ③许…　Ⅲ. ①Windows 操作系统－网络服务器－高等学校－教材　Ⅳ. ①TP316.86

中国版本图书馆 CIP 数据核字(2022)第 083100 号

责任编辑:张龙卿
封面设计:徐日强
责任校对:袁　芳
责任印制:朱雨萌

出版发行:清华大学出版社

网　　址:	http://www.tup.com.cn,http://www.wqbook.com			
地　　址:	北京清华大学学研大厦 A 座	邮　　编:	100084
社 总 机:	010-83470000	邮　　购:	010-62786544
投稿与读者服务:	010-62776969,c-service@tup.tsinghua.edu.cn			
质量反馈:	010-62772015,zhiliang@tup.tsinghua.edu.cn			
课件下载:	http://www.tup.com.cn,010-83470410			

印 装 者:三河市君旺印务有限公司

经　　销:全国新华书店

开　　本:185mm×260mm　　印　　张:21.5　　字　　数:521 千字

版　　次:2010 年 11 月第 1 版　2022 年 7 月第 4 版　　印　　次:2023 年 1 月第 2 次印刷

定　　价:69.80 元

产品编号:095725-01

前　言

一、编写背景

《网络服务器搭建、配置与管理——Windows Server 2012(第 3 版)(微课版)》自 2020 年 12 月出版以来,已重印多次,鉴于未来几年中 Windows Server 2016 将逐渐替代 Windows Server 2012 成为企业应用的首选 Windows 服务器操作系统,以及目前 Windows Server 2016 教材严重缺乏的现状,根据教育部发布的教育信息化 2.0 行动计划、精品在线开放课程建设、"三教"改革及金课建设要求,结合计算机领域发展及广大读者的反馈意见,在保留原书特色的基础上,采用"纸质教材+电子活页"的形式对教材进行全面修订,即利用互联网技术扩充教材内容,在纸质教材外,增加超量的包含视频、音频、作业、试卷、拓展资源、主题讨论、扩展的项目实训视频等数字资源,实现纸质教材三年修订、电子活页随时增减和修订的目标。

二、本书特点

本书共包含 12 个项目,最大的特色是"易教易学",音视频等配套教学资源丰富。

(1)具有实力雄厚的教材编写队伍。行业专家、微软金牌讲师、教学名师、专业负责人跨地区、跨学校联合编写教材。教材的内容不仅仅考虑教学的角度,还充分渗透了实际应用中的需求。

(2)创新教材形态。教材符合"三教"改革精神,融合了互联网新技术,以嵌入二维码的纸质教材为载体,配套有视频、音频、作业、试卷、拓展资源、主题讨论等数字资源,将教材、课堂、教学资源、教法四者融合,实现了线上线下有机结合,为翻转课堂、混合课程改革奠定了基础。

① 基于工作过程导向的"教、学、做"一体化的编写方式。零基础教程,入门门槛低,很容易上手。采用"微课+慕课"的方式,通过视频可随时随地学习。

② 提供大量企业真实案例,实用性和实践性强,并配有视频教学资源。全书列举的所有示例和实例,读者都可以在自己的实验环境中完整实现。

③ 打造立体化教材。配套的电子资料、教学资源包、微课为教和学提供最大便利。

选用本书的读者,可通过清华大学出版社网站向编者索要授课计划、项目指导书、电子教案、电子课件、课程标准、大赛、试卷、拓展提升、项目任务单、实训指导书等相关参考内容。

三、教学大纲及电子活页

本书的参考学时为 72 学时,其中实训环节为 38 学时,各项目的参考学时参见下面的学时分配表。

项　目	课　程　内　容	学　时　分　配	
		讲授	实训
项目1	规划与安装 Windows Server 2016	2	4
项目2	管理活动目录与用户	4	4
项目3	管理文件系统与共享资源	2	2
项目4	配置与管理基本磁盘和动态磁盘	2	4
项目5	配置与管理打印服务器	2	2
项目6	配置与管理 DNS 服务器	4	4
项目7	配置与管理 DHCP 服务器	4	4
项目8	配置与管理 Web 服务器	4	4
项目9	配置与管理 FTP 服务器	2	2
项目10	配置与管理数字证书服务器	4	4
项目11	配置与管理 VPN 服务器	2	2
项目12	配置与管理 NAT 服务器	2	2
课时总计		34	38

电子活页中的内容如下：利用 VMware Workstation 构建网络环境，使用组策略管理用户工作环境、利用组策略部署软件与限制软件的运行、管理组策略、配置远程桌面连接、综合实训、习题与答案等。

四、其他

本书由山东现代学院杨云、张文硕、许驰担任主编，薛立强、郑泽、王瑞担任副主编。感谢浪潮集团、山东鹏森信息科技有限公司的工程师，以及微软系统工程师王春身给予的帮助。

编　者

2022 年 3 月

目 录

规划与安装 Windows Server 2016

1.1 相关知识

Windows Server 2016 是整体的设计风格与功能上更加接近 Windows 10。

1.1.1 Windows Server 2016 版本

Windows Server 2016 有 4 个版本,即 Windows Server 2016 Essentials edition(精华版)、Windows Server 2016 Standard edition(标准版)、Windows Server 2016 Datacenter edition(数据中心版)和 Microsoft Hyper-V Server 2016。

1. Windows Server 2016 Essentials edition

Windows Server 2016 Essentials edition 是专为小型企业而设计的,它对应于 Windows Server 早期版本中的 Windows Small Business Server,此版本最多可支持 25 个用户和 50 台设备。它支持两个处理器内核和高达 64GB 的随机存取存储器(random access memory,

RAM)。但它不支持 Windows Server 2016 的许多功能,包括虚拟化等。

2. Windows Server 2016 Standard edition

Windows Server 2016 Standard edition 是为具有很少或没有虚拟化的物理服务器环境设计的,它提供了 Windows Server 2016 操作系统可用的许多角色和功能。此版本最多支持 64 个插槽和最多 4TB 的 RAM,最多包括两个虚拟机的许可证,并且支持 Nano 服务器安装。

3. Windows Server 2016 Datacenter edition

Windows Server 2016 Datacenter edition 专为高度虚拟化的基础架构而设计,包括私有云和混合云环境。它提供 Windows Server 2016 操作系统可用的所有角色和功能。此版本最多支持 64 个插槽,最多有 640 个处理器内核和最大为 4TB 的 RAM。它为在相同硬件上运行的虚拟机提供了无限基于虚拟机许可证。它还包括许多新功能,如储存空间直通和存储副本,以及新的受防护的虚拟机和软件定义的数据中心场景所需的功能。

4. Microsoft Hyper-V Server 2016

Microsoft Hyper-V Server 2016 作为运行虚拟机的独立虚拟化服务器,包括 Windows Server 2016 中虚拟化的所有新功能。主机操作系统没有许可成本,但每个虚拟机必须单独获得许可。此版本最多支持 64 个插槽和最大为 4TB 的 RAM,它支持加入域。除了有限的文件服务功能,它不支持其他 Windows Server 2016 角色。此版本没有 GUI,但有一个显示配置任务菜单的用户界面。

1.1.2 Windows Server 2016 的最低安装需求

支持 Windows Server 2016 的服务器,也支持 Windows Server 2016。它的最低配置要求如下。

- 中央处理器:最少为 1.4GHz 的 64 位处理器;支持 NX 或 DEP;支持 CMPXCHG16B、LAHF/SAHF 与 prefetchW;支持 SLAT(EPT 或 NPT)。
- RAM:(包含桌面体验的服务器)最少需 2GB。
- 硬盘:硬盘空间最少为 32GB。不支持已经淘汰的 IDE 硬盘(PATA 硬盘)。

安装与规划
Windows
Server 2016

1.1.3 安装选项

Windows Server 2016 提供以下三种安装选项。

(1)包含桌面体验的服务器。它会安装标准的图形用户界面,并支持所有的服务与工具。由于包含图形用户界面(graphical user interface,GUI),因此用户可以通过友好的图形化接口与管理工具来管理服务器。这是我们通常选择的选项。

(2)Server Core。安装完成后的环境没有窗口管理接口,因此只能使用命令提示符(command prompt)、Windows PowerShell 或通过远程计算机来管理此台服务器。有些服务在 Server Core 模式下并不被支持,除非有图形化接口或特殊服务的使用需求,否则这是微软建议的安装选项。

(3)Nano Server。类似 Server Core,但明显较小,只支持 64 位应用程序与工具。它没有本地登录功能,只能通过远程管理来访问此服务器,已针对私有云和数据中心进行了优化。比起其他选项,它占用的磁盘空间更小,配置速度更快,而且所需的更新和重新启动次数更少。

1.1.4　Windows Server 2016 的安装方式

Windows Server 2016 有多种安装方式,分别适用于不同的环境,选择合适的安装方式可以提高工作效率。除全新安装外,还有升级安装、远程安装及服务器核心安装。

1. 全新安装

请利用包含 Windows Server 2016 的 U 盘来启动计算机,并执行 U 盘中的安装程序。若磁盘内已经有旧版 Windows 系统,也可以先启动此系统,然后插入 U 盘来执行其中的安装程序;也可以直接执行 Windows Server 2016 ISO 文件内的安装程序。

2. 升级安装

Windows Server 2016 的任何版本都不能在 32 位机器上进行安装或升级。遗留的32位服务器要想运行 Windows Server 2016,当前服务器必须升级到 64 位系统。

在开始升级 Windows Server 2016 之前,要确保断开一切 USB 或串口设备,Windows Server 2016 安装程序会发现并识别它们,在检测过程中会发现 UPS 系统等此类问题。可以安装传统监控,然后再连接 USB 或串口设备。

3. 软件升级的限制

Windows Server 2016 的升级过程也存在一些软件限制。例如,不能从一种语言升级到另一种语言,Windows Server 2016 不能从零售版本升级到调试版本,不能从 Windows Server 2016 预发布版本直接升级。在这些情况下,需要将原版本卸载干净再进行安装。从一个服务器核心升级到 GUI 安装模式是不允许的,反过来同样不可行。但是一旦安装了 Windows Server 2016,就可以在各模式之间自由切换了。

4. 通过 Windows 部署服务远程安装

如果网络中已经配置了 Windows 部署服务,则通过网络远程安装也是一种不错的选择。但需要注意的是,采取这种安装方式必须确保计算机网卡具有预启动执行环境(preboot execute environment,PXE)芯片,支持远程启动功能。否则,就需要使用 rbfg.exe 程序生成启动 U 盘来启动计算机进行远程安装。

在利用 PXE 功能启动计算机的过程中,根据提示信息按引导键(一般为 F12 键),会显示当前计算机所使用的网卡的版本等信息,并提示用户按 F12 键,启动网络服务引导。

5. 服务器核心安装

服务器核心是从 Windows Server 2008 开始新推出的功能,如图 1-1 所示。确切地说,Windows Server 2016 服务器核心是微软公司革命性的功能部件,是不具备图形界面的纯命令行服务器操作系统,只安装了部分应用和功能,因此会更加安全和可靠,同时降低了管理的复杂度。

通过磁盘阵列(redundant arrays of independent disks,RAID)卡实现磁盘冗余是大多数服务器常用的存储方案,既可提高数据存储的安全性,又可提高网络传输速度。带有 RAID 卡的服务器在安装和重新安装操作系统之前,往往需要配置 RAID。不同品牌和型号服务器的配置方法略有不同,应注意查看服务器使用手册。对于品牌服务器而言,也可以使

图 1-1   可选择非桌面体验版(服务器核心版)

用随机提供的安装向导光盘引导服务器,这样,将会自动加载 RAID 卡和其他设备的驱动程序,并提供相应的 RAID 配置界面。

在安装 Windows Server 2016 时,必须在"您想将 Windows 安装在何处"对话框中单击"加载驱动程序"超链接,打开图 1-2 所示的"加载驱动程序"对话框,为该 RAID 卡安装驱动程序。另外,RAID 卡的设置应当在操作系统安装之前进行。如果重新设置 RAID,将删除所有硬盘中的全部内容。

图 1-2   "加载驱动程序"对话框

1.2　项目设计及准备

安装与配置
VM 虚拟机

1. 项目设计

在为学校选择网络操作系统时,首先推荐 Windows Server 2016 操作系统。而在安装 Windows Server 2016 操作系统时,根据教学环境不同,可为教与学分别设计不同的安装形式。

1) 在 VMware 中安装 Windows Server 2016

(1) 在物理主机上安装了 Windows 10,计算机名为 client1。

(2) 安装 Windows Server 2016 所需的 DVD-ROM 或映像已准备好。

(3) 硬盘大小为 60GB。要求 Windows Server 2016 的安装分区大小为 55GB,文件系统格式为 NTFS,计算机名为 WIN2016-1,管理员密码为 P@ssw0rd1,服务器的 IP 地址为 192.168.10.1,子网掩码为 255.255.255.0;DNS 服务器 IP 地址为 192.168.10.1,默认网关为 192.168.10.254;属于工作组 COMP。

(4) 要求配置桌面环境、关闭防火墙,放行 ping 命令。

(5) 该网络拓扑图如图 1-3 所示。

角色:默认网关
主机名:WIN2016-0
IP地址:192.168.10.254/24
操作系统:Windows Server 2016
工作组:COMP

角色:物理主机
主机名:client1
IP地址:192.168.10.100/24
操作系统:Windows 10

角色:独立服务器
主机名:WIN2016-1
IP地址:192.168.10.1/24
操作系统:Windows Server 2016
工作组:COMP

图 1-3　安装 Windows Server 2016 网络拓扑图

2) 使用 Hyper-V 安装 Windows Server 2016

有关 Hyper-V 安装的内容请参考相关资料。

2. 项目准备

(1) 满足硬件要求的计算机 1 台。

(2) Windows Server 2016 相应版本的安装光盘或映像文件。

(3) 用纸张记录安装文件的产品密匙(安装序列号);规划启动盘的大小。

(4) 在可能的情况下,在运行安装程序前用磁盘扫描程序扫描所有硬盘,检查硬盘错误并进行修复;否则安装程序运行时,如检查到有硬盘错误会很麻烦。

(5) 如果想在安装过程中格式化 C 盘或 D 盘(建议安装过程中格式化用于安装 Windows Server 2016 系统的分区),需要备份 C 盘或 D 盘有用的数据。

(6) 导出电子邮件账户和通信簿:将 C:\Documents and Settings\Administrator(或自己的用户名)中的"收藏夹"目录复制到其他盘,以备份收藏夹。全新安装不存在(5)和当前的问题。

1.3 项目实施

任务 1-1 安装配置 VM 虚拟机

（1）成功安装 VMware Workstation 15.5 后的界面如图 1-4 所示。

图 1-4 虚拟机软件的管理界面

（2）在图 1-4 中，单击"创建新的虚拟机"选项按钮，并在弹出的"新建虚拟机向导"对话框中选中"典型"单选按钮，如图 1-5 所示，然后单击"下一步"按钮。

图 1-5 新建虚拟机向导

（3）在对话框中选中"稍后安装操作系统"单选按钮，如图 1-6 所示，然后单击"下一步"按钮。

图 1-6　选择虚拟机的安装来源

　请一定选择"稍后安装操作系统"选项。如果选择"安装程序光盘映像文件"选项作为安装来源,并把下载好的 Windows Server 2016 系统的映像选中,虚拟机会通过默认的安装策略部署最精简的系统,而不会询问安装设置选项。

(4) 在如图 1-7 所示对话框中,将客户机操作系统的类型选择为 Microsoft Windows,版本为 Windows Server 2016,然后单击"下一步"按钮。

图 1-7　选择客户机操作系统

（5）在接下来的对话框中填写"虚拟机名称"文本框，并在选择安装位置之后单击"下一步"按钮，如图1-8所示。注意安装"位置"一定要提前规划好，并创建好供安装的文件夹。

图1-8　命名虚拟机及设置安装路径

（6）在弹出的对话框中将虚拟机系统的"最大磁盘大小"设置为60.0GB(默认值)。为了后期工作方便，建议设置硬盘大小为200GB，如图1-9所示，然后单击"下一步"按钮。

图1-9　虚拟机最大磁盘大小

（7）在弹出的对话框中单击"自定义硬件"按钮，如图1-10所示。

图 1-10　虚拟机的配置界面

（8）在随后出现的如图 1-11 所示对话框中，建议将虚拟机系统内存的可用量设置为 2GB，最低不应低于 1GB。根据宿主机的性能设置 CPU 处理器的数量以及每个处理器的核心数量（不能超过主机的处理器的核心数），并开启虚拟化功能，如图 1-12 所示。注意，"虚拟化 CPU 性能计数器"一般不要选择，因为很多计算机不支持。

图 1-11　设置虚拟机的内存量

图 1-12 设置虚拟机的处理器参数

(9) 对于光驱设备,此时应在"使用 ISO 映像文件"下拉列表框中选择下载好的 Windows Server 2016 系统映像文件,如图 1-13 所示。

图 1-13 设置虚拟机的光驱设备

(10) VM 虚拟机软件为用户提供了 3 种可选的网络模式,分别为桥接模式、网络地址转换(network address translation,NAT)模式与仅主机模式。由于本例宿主机是通过路由器自动获取 IP 地址等信息连接互联网的,所以,为了使虚拟机也能上网应选择"桥接模式",如图 1-14 所示(选择何种网络连接模式很重要,在实训前一定要规划好! 请读者注意后面每个项目中涉及的网络连接方式)。

图 1-14　设置虚拟机的网络适配器

- 桥接模式:相当于在物理主机与虚拟机网卡之间架设了一座桥梁,从而可以通过物理主机的网卡访问外网。
- NAT 模式:让 VM 虚拟机的网络服务发挥路由器的作用,使得通过虚拟机软件模拟的主机可以通过物理主机访问外网,在真机中 NAT 虚拟机网卡对应的物理网卡是 VMnet8。
- 仅主机模式:仅让虚拟机内的主机与物理主机通信,不能访问外网,在真机中仅主机模式模拟网卡对应的物理网卡是 VMnet1。

(11) 把 USB 控制器、声卡、打印机设备等不需要的设备全部移除,如图 1-15 所示。移除声卡后可以避免在输入错误后发出提示声音,确保自己在今后实验中思绪不被打扰,然后单击"关闭"按钮。

(12) 返回"新建虚拟机向导"对话框后,单击"完成"按钮。虚拟机的安装和配置顺利完成。当看到如图 1-16 所示的界面时,就说明虚拟机已经被配置成功了。

任务 1-2　认识固件类型: UEFI

如图 1-17 所示,单击选中"选项"选项卡并选择"高级"选项,可以看到在固件类型上,默认选择 UEFI。那么 UEFI 到底是什么呢? 它与传统的固件基本输入/输出系统(basic input output system,BIOS)相比有什么优点呢?

图 1-15　最终的虚拟机配置情况

图 1-16　虚拟机配置成功的界面

统一可扩展固件接口（unified extensible firmware interface，UEFI）规范定义并提供了固件和 OS 之间的软件接口。UEFI 取代 BIOS，增强了可扩展固件接口（extensible firmware interface，EFI），并为操作系统及启动时应用程序和服务提供了操作环境。

了解 UEFI 之前，不得不从 BIOS 说起。BIOS 主要负责开机时检测硬件工作和引导操作系统启动；而 UEFI 则是用于操作系统自动从预启动的操作环境加载到一种操作系统上，从而节省开机时间，如图 1-18 所示。

图 1-17　选择固件类型：UEFI

图 1-18　BIOS 与 UEFI 运行流程

　　UEFI 启动是一种新的主板引导项,它被看作 BIOS 的继任者。UEFI 最主要的特点是图形界面,更有利于用户对象图形化的操作选择。

　　如今很多新产品的计算机都支持 UEFI 启动模式,甚至有的计算机已抛弃 BIOS 而仅支持 UEFI 启动。不难看出,UEFI 启动模式正在取代传统的 BIOS 启动。

任务 1-3　安装 Windows Server 2016

　　安装系统时,计算机的 CPU 需要支持虚拟化技术(virtualization technology,VT)。虚拟化技术是指让单台计算机能够分隔出多个独立资源区,并让每个资源区按照需要模拟出系统的一项技术,其本质就是通过中间层实现计算机资源的管理和再分配,让系统资源的利用率最大化。其实只要计算机不是五六年前买的,价格不低于 4000 元,它的 CPU 就肯定会支持 VT 的。如果开启虚拟机后依然提示"CPU 不支持 VT 技术"等报错信息,请重启计算机并进入 BIOS 中把 VT 虚拟化功能开启即可。

使用 Windows Server 2016 的引导光盘进行安装是最简单的安装方式。在安装过程中,需要用户干预的地方不多,只需掌握几个关键点即可顺利完成安装。需要注意的是,如果当前服务器没有安装 SCSI 设备或者 RAID 卡,则可以略过相应步骤。

安装 Windows
Server 2016

(1)启动安装过程以后,显示如图 1-19 所示的"Windows 安装程序"对话框,首先需要选择安装语言及进行输入法设置。

图 1-19 "Windows 安装程序"对话框

(2)单击"下一步"按钮,接着出现询问是否立即安装 Windows Server 2016 的对话框。单击"现在安装"按钮,弹出如图 1-20 所示的激活 Windows 的对话框。输入产品密钥后,单击"下一步"按钮,或单击"我没有产品密钥"按钮(批量授权或评估版免此步骤)。

图 1-20 激活 Windows 的对话框

（3）接下来弹出如图 1-21 所示的选择要安装的操作系统对话框。"操作系统"列表框中列出了可以安装的操作系统。这里选择"Windows Server 2016 Datacenter（桌面体验）"，即安装 Windows Server 2016 数据中心版。也可以选择安装标准版。

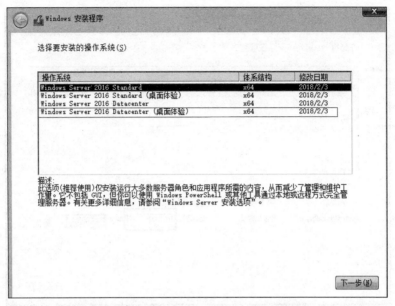

图 1-21 "选择要安装的操作系统"对话框

（4）单击"下一步"按钮，选择"我接受许可条款"选项，接受许可协议。单击"下一步"按钮，弹出如图 1-22 所示的"安装 Windows"对话框，选择想进行何种类型的安装。其中"升级"用于从当前 Windows Server 版本升级到 Windows Server 2016，如果当前计算机没有安装操作系统，则该项不可用；选择"自定义（高级）"则进行全新安装。

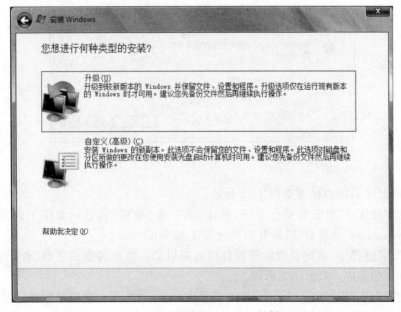

图 1-22 "安装 Windows"对话框

（5）单击"自定义（高级）"按钮，弹出如图 1-23 所示的"Windows 安装程序"对话框，选择 Windows 安装位置，显示当前计算机硬盘上的分区信息。如果服务器安装有多块硬盘，则会依次显示为磁盘 0、磁盘 1、磁盘 2……

图 1-23　"Windows 安装程序"对话框

（6）对硬盘进行分区。单击"新建"按钮，在"大小"文本框中输入分区大小，如100000MB，如图 1-23 所示。单击"应用"按钮，弹出如图 1-24 所示的自动创建额外分区的提示。单击"确定"按钮，完成系统分区（第 1 个分区）和主分区（第 2 个分区）的建立。其他分区照此操作。

图 1-24　创建额外分区的提示信息

（7）完成分区后的对话框如图 1-25 所示。

（8）选择"分区 4"来安装操作系统，单击"下一步"按钮，则显示如图 1-26 所示的提示"正在安装 Windows"的界面，开始复制文件并安装 Windows。

（9）在安装过程中，系统会根据需要自动重新启动。在安装完成之前，会要求用户设置Administrator 的密码，如图 1-27 所示。

对于账户密码，Windows Server 2016 的要求非常严格，无论管理员账户还是普通账户，都要求必须设置强密码。除必须满足"至少 6 个字符"和"不包含 Administrator 或 admin"

图 1-25 完成分区后的对话框

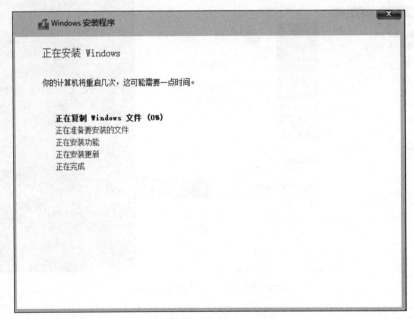

图 1-26 "正在安装 Windows"界面

的要求外,还至少满足以下 4 个条件中的 2 个。

- 包含大写字母(如 A、B、C 等)。
- 包含小写字母(如 a、b、c 等)。
- 包含数字(如 0、1、2 等)。
- 包含非字母的数字字符(如 #、&、~ 等)。

自定义设置

键入可用于登录到这台计算机的内置管理员账户密码。

用户名(U)　　　　Administrator

密码(P)

重新输入密码(R)

图 1-27　提示设置密码

（10）按要求输入密码，按 Enter 键，即可完成 Windows Server 2016 系统的安装。接着按 Alt＋Ctrl＋Del 组合键，输入管理员密码就可以正常登录 Windows Server 2016 系统了。系统默认自动启动"服务器管理器"窗口，如图 1-28 所示。

图 1-28　"服务器管理器"窗口

（11）激活 Windows Server 2016。右击"开始"菜单，在弹出的快捷菜单中选择"控制面板"→"系统和安全"→"系统"命令，打开如图 1-29 所示的"系统"窗口。右下角显示 Windows 激活的状况，可以在此激活 Windows Server 2016 网络操作系统或更改产品密钥。激活有助于验证 Windows 的副本是否为正版，以及在多台计算机上使用的 Windows 数量是否已超过 Microsoft 软件许可条款所允许的数量。激活的最终目的在于防止软件伪造。如果不激活，可以试用 60 天。

图 1-29 "系统"窗口

（12）选择 VM 中的"虚拟机"→"安装 VMware Tools"命令，然后在计算机资源管理器中双击"DVD 驱动器（D：）VMware Tools"，按照向导完成驱动程序的安装后，自动重启计算机。

（13）以管理员身份登录计算机 WIN2016-1，选择 VM 中的"虚拟机"→"快照"→"拍摄快照"命令，制作计算机安装成功的初始快照，以备后面实训后恢复系统到初始状态。至此，Windows Server 2016 安装完成，现在就可以使用了。

任务 1-4　配置 Windows Server 2016

在安装完成后，应先设置一些基本配置，如计算机名、IP 地址、配置自动更新等，这些均可在"服务器管理器"窗口中完成。

1. 更改计算机名

Windows Server 2016 系统在安装过程中不需要设置计算机名，而是使用由系统随机配置的计算机名。但系统配置的计算机名不仅冗长，而且不便于记忆。因此，为了更好地标识和识别服务器，应将其更改为易记或有一定意义的名称。

配置
Windows
Server
2016（一）

（1）右击"开始"菜单，在弹出的快捷菜单中依次选择"控制面板"→"系统安全"→"管理工具"→"服务器管理器"命令；或者直接单击左下角的"服务器管理器"按钮 ，打开"服务器管理器"窗口，再单击左窗格中的"本地服务器"按钮，如图 1-30 所示。

（2）直接单击"计算机"和"工作组"后面的名称，对计算机名和工作组名进行修改即可。

先单击计算机名称,出现修改计算机名的对话框,如图 1-31 所示。

图 1-30 "服务器管理器——本地服务器"窗口

图 1-31 "系统属性"对话框

(3) 单击"更改"按钮,显示图 1-32 所示的"计算机名/域更改"对话框。在"计算机名"文本框中输入新的名称,如 WIN2016-1。在"工作组"文本框中可以更改计算机所处的工作组。

(4) 单击"确定"按钮,显示"欢迎加入 COMP 工作组"的提示对话框,如图 1-33 所示。单击"确定"按钮,显示"重新启动计算机"对话框,提示必须重新启动计算机才能应用更改,如图 1-34 所示。

(5) 单击"确定"按钮,回到"系统属性"对话框,再单击"关闭"按钮,关闭"系统属性"对话框。接着出现对话框,提示必须重新启动计算机以应用更改。

图 1-32　"计算机名/域更改"对话框

图 1-33　"欢迎加入 COMP 工作组"提示对话框

图 1-34　"重新启动计算机"提示对话框

（6）单击"立即重新启动"按钮，即可重新启动计算机，并应用新的计算机名。若选择
"稍后重新启动"，则不会立即重新启动计算机。

2. 配置网络

配置好网络是提供各种网络服务的前提。Windows Server 2016 安装完成以后，默认为
自动获取 IP 地址，自动从网络中的 DHCP 服务器获得 IP 地址。不过，由于 Windows
Server 2016 用于为网络提供服务，所以通常需要设置静态 IP 地址。另外，还可以配置网络
发现、文件共享等功能，实现与网络的正常通信。

1）配置 TCP/IP

（1）右击桌面右下角任务托盘区域的网络连接图标，在弹出的快捷菜单中选择"网络和
共享中心"命令，打开如图 1-35 所示的"网络和共享中心"窗口。

（2）单击 Ethernet0 按钮，打开"Ethernet0 状态"对话框，如图 1-36 所示。

（3）单击"属性"按钮，弹出如图 1-37 所示的"Ethernet0 属性"对话框。Windows Server
2016 中包含 IPv6 和 IPv4 两个版本的 Internet 协议，并且默认都已启用。

图 1-35 "网络和共享中心"窗口

图 1-36 "Ethernet0 状态"对话框

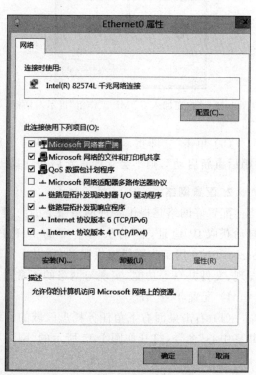

图 1-37 "Ethernet0 属性"对话框

（4）在"此连接使用下列项目"选项框中选中"Internet 协议版本 4（TCP/IPv4）"选项，单击"属性"按钮，弹出如图 1-38 所示的"Internet 协议版本 4（TCP/IPv4）属性"对话框。选中"使用下面的 IP 地址"单选按钮，分别输入为该服务器分配的 IP 地址、子网掩码、默认网关和 DNS 服务器。如果要通过 DHCP 服务器获取 IP 地址，则保留默认的"自动获得 IP 地址"选项。

图 1-38　"Internet 协议版本 4（TCP/IPv4）属性"对话框

（5）单击"确定"按钮，保存所做的修改。

2）启用网络发现

Windows Server 2016 的"网络发现"功能用来控制局域网中计算机和设备的发现与隐藏。如果启用"网络发现"功能，则可以显示当前局域网中发现的计算机，也就是"网络邻居"功能，同时，其他计算机也可发现当前计算机。如果禁用"网络发现"功能，则既不能发现其他计算机，也不能被发现。不过，关闭"网络发现"功能时，其他计算机仍可以通过搜索计算机名、IP 地址的方式访问到该计算机，但不会显示在其他用户的"网络邻居"中。

配置
Windows
Server
2016（二）

为了便于计算机之间的互相访问，可以启用此功能。在图 1-35 所示的"网络和共享中心"窗口中，单击"更改高级共享设置"按钮，弹出如图 1-39 所示的"高级共享设置"对话框，选中"启用网络发现"单选按钮，并单击"保存更改"按钮即可。

提示

如果重启后仍无法启用网络共享，这时请保证运行了 Function Discovery Resource Publication、UPnP Device Host 和 SSDP Discovery 三个服务。注意按顺序手动启动这三个服务后，将其全改为自动启动。

图 1-39　"高级共享设置"对话框

3）文件和打印机共享

网络管理员可以通过启用或关闭文件和打印机共享功能，实现为其他用户提供服务或访问其他计算机共享资源。在图 1-39 所示的"高级共享设置"对话框中，选中"启用文件和打印机共享"单选按钮，并单击"保存更改"按钮，即可启用文件和打印机共享功能。

4）密码保护的共享

在图 1-39 所示的对话框中，单击"所有网络"右侧的 ⌄ 按钮，展开"所有网络"的高级共享设置，如图 1-40 所示。

图 1-40　"所有网络"的高级共享设置

可以启用"共享以便可以访问网络的用户可以读取和写入公用文件夹中的文件"功能。

如果启用"密码保护共享"功能,则其他用户必须使用当前计算机上有效的用户账户和密码才可以访问共享资源。Windows Server 2016 默认启用该功能。

3. 配置虚拟内存

在 Windows 中如果内存不够,系统会把内存中暂时不用的一些数据写到磁盘上,以腾出内存空间给别的应用程序使用;当系统需要这些数据时,再重新把数据从磁盘读回内存中。用来临时存放内存数据的磁盘空间称为虚拟内存。建议将虚拟内存的大小设为实际内存的 1.5 倍,虚拟内存太小会导致系统没有足够的内存运行程序,特别是当实际的内存不大时。下面是设置虚拟内存的具体步骤。

(1) 右击"开始"菜单,在弹出的快捷菜单中选择"控制面板"→"系统和安全"→"系统"→"高级系统设置"命令,打开"系统属性"对话框,再单击并选中"高级"选项卡,如图 1-41 所示。

图 1-41　"系统属性"对话框

(2) 单击"设置"按钮,打开"性能选项"对话框,再单击并选中"高级"选项卡,如图 1-42 所示。

(3) 单击"更改"按钮,打开"虚拟内存"对话框,如图 1-43 所示,取消选中"自动管理所有驱动器的分页文件大小"复选按钮。选择"自定义大小"单选按钮,并设置初始大小为 4000MB,最大值为 6000MB,然后单击"设置"按钮。最后单击"确定"按钮并重启计算机,即可完成虚拟内存的设置。

图 1-42 "性能选项"对话框   图 1-43 "虚拟内存"对话框

 注意　　虚拟内存可以分布在不同的驱动器中,总的虚拟内存等于各个驱动器上的虚拟内存之和。如果计算机上有多个物理磁盘,建议把虚拟内存放在不同的磁盘上,以增加虚拟内存的读写性能。虚拟内存的大小可以自定义,即管理员手动指定,或者由系统自行决定。页面文件所使用的文件名是根目录下的 pagefile. sys,不要轻易删除该文件,否则可能会导致系统崩溃。

4. 设置显示属性

在"外观"对话框中可以对计算机的显示、任务栏和"开始"菜单、轻松访问中心、文件夹选项和字体进行设置。前面已经介绍了对文件夹选项的设置。下面介绍设置显示属性的具体步骤。

右击"开始"菜单,在弹出的快捷菜单中依次选择"控制面板"→"外观和个性化"→"显示"命令,打开"显示"对话框,如图 1-44 所示。在对话框中,可以更改显示器设置、校准颜色以及调整 ClearType 文本。

配置
Windows
Server
2016(三)

5. 配置防火墙,放行 ping 命令

Windows Server 2016 安装后,默认自动启用防火墙,而且 ping 命令默认被阻止,ICMP 包无法穿越防火墙。为了后面实训的要求及实际需要,应该设置防火墙,允许 ping 命令通过。若要放行 ping 命令,有以下两种方法。

一是在防火墙设置中新建一条允许 ICMPv4 协议通过的规则,并启用;二是在防火墙设

图 1-44　"显示"对话框

置中,在"入站规则"中启用"文件和打印共享(ICMPv4-In)"(默认不启用)的预定义规则。
下面介绍第 1 种方法的具体步骤。

（1）右击"开始"菜单,在弹出的快捷菜单中依次选择"控制面板"→"系统和安全"→
"Windows 防火墙"→"高级设置"命令。在打开的"高级安全 Windows 防火墙"窗口中,单击
左侧窗格中目录树中的"入站规则"选项按钮,如图 1-45 所示（第 2 种方法在此入站规则中
设置即可,请读者自己思考）。

图 1-45　"高级安全 Windows 防火墙"窗口

（2）在右窗格的"操作"列表中单击"新建规则"选项,出现"新建入站规则向导"对话框

的"规则类型"页面,可以选择要创建的防火墙"规则类型",选中"自定义"单选按钮,如图 1-46
所示。

图 1-46　"新建入站规则向导"对话框的"规则类型"页面

(3) 单击"步骤"列表的"协议和端口"选项,如图 1-47 所示。在"协议类型"下拉列表框
中选择 ICMPv4 选项。

图 1-47　"协议和端口"页面

（4）单击"下一步"按钮，在出现的页面中选择应用于哪些本地 IP 地址和哪些远程 IP 地址。可以选"任何 IP 地址"。

（5）单击"下一步"按钮，选择是否允许连接，选择"允许连接"选项。

（6）单击"下一步"按钮，选择何时应用本规则。

（7）单击"下一步"按钮，输入本规则的名称，如 ICMPv4 协议规则。单击"完成"按钮，使新规则生效。

6. 查看系统信息

系统信息包括硬件资源、组件和软件环境等内容。右击"开始"菜单，在弹出的快捷菜单中依次选择"控制面板"→"系统安全"→"管理工具"→"系统信息"命令，显示图 1-48 所示的"系统信息"窗口。

图 1-48　"系统信息"窗口

任务 1-5　添加角色和功能

Windows Server 2016 的一个亮点就是组件化，所有角色、功能甚至用户账户都可以在"服务器管理器"中进行管理。

Windows Server 2016 的网络服务虽然多，但默认不会安装任何组件，只是一个提供用户登录的独立的网络服务器，用户需要根据自己的实际需要选择安装相关的网络服务。下面以添加 Web 服务器（IIS）为例介绍添加角色和功能的方法，后续章节会结合具体实例进行详细介绍。

（1）右击"开始"菜单，在弹出的快捷菜单中依次选择"控制面板"→"系统安全"→"管理工具"→"服务器管理器"命令；或者直接单击左下角的"服务器管理器"按钮，打开"服务器管理器"窗口，选中左侧的"仪表板"选项，再单击"添加角色和功能"超链接启动"添加角色和功能向导",显示如图 1-49 所示的"添加角色和功能向导"对话框,提示此向导可以完成的工作以及操作之前需注意的相关事项。

图 1-49　提示开始之前信息的"添加角色和功能向导"对话框

(2) 单击"下一步"按钮,打开选择安装类型的对话框,如图 1-50 所示。选择"基本于角色或基于功能的安装"。

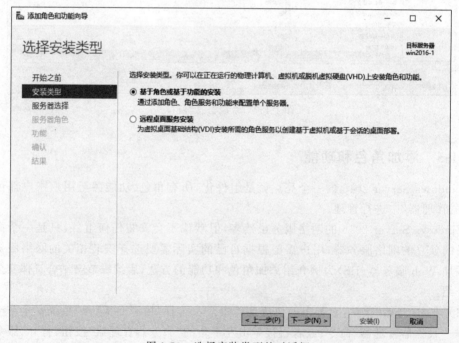

图 1-50　选择安装类型的对话框

（3）单击"下一步"按钮，打开可进行服务器选择的对话框，如图 1-51 所示，选择默认选项。

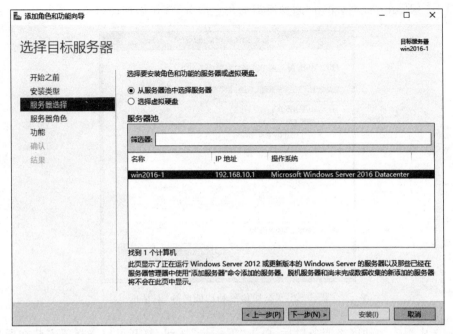

图 1-51　进行服务器选择的对话框

（4）继续单击"下一步"按钮，打开如图 1-52 所示的"选择服务器角色"对话框，显示了所有可以安装的服务角色。如果角色前面的复选框没有被选中，则表示该网络服务尚未安装；如果已选中，说明已经安装。在列表框中选择拟安装的网络服务即可。本例选择 Web 服务器（IIS）。

图 1-52　"选择服务器角色"对话框

(5) 由于一种网络服务往往需要多种功能配合使用,因此,有些角色还需要添加其他功能,如图 1-53 所示。此时,单击"添加所需的角色服务"按钮添加即可。

图 1-53 "添加角色和功能向导"对话框

(6) 选中要安装的网络服务以后,单击"下一步"按钮,打开可以选择要安装在所选服务器上的一个或多个功能的对话框,如图 1-54 所示。

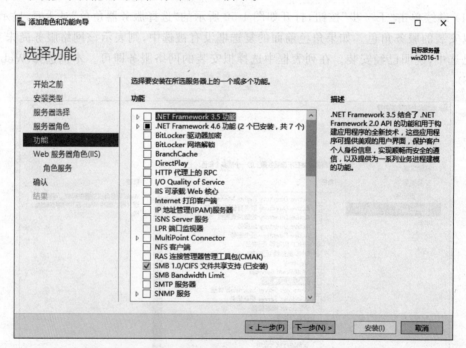

图 1-54 选择要安装在所选服务器上的一个或多个功能的对话框

(7) 单击"下一步"按钮,通常会显示该角色的简介信息。以安装 Web 服务为例,显示如图 1-55 所示的对 Web 服务器(IIS)简介的对话框。

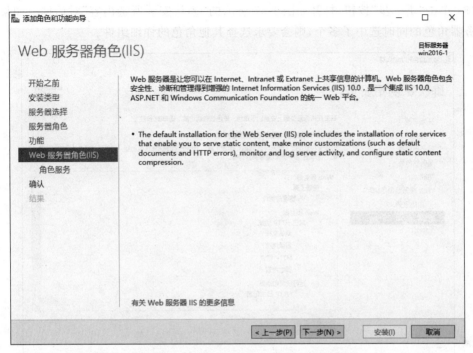

图 1-55　对 Web 服务器(IIS)简介的对话框

(8) 单击"下一步"按钮,显示可选择角色服务器的对话框,可以为该角色选择相应的组件,如图 1-56 所示。

图 1-56　可选择角色服务的对话框

(9) 单击"下一步"按钮,打开如图 1-57 所示的"确认安装所选内容"对话框。如果在选择服务器角色的同时选中了多个,则会要求选择其他角色的详细组件。

图 1-57 "确认安装所选内容"对话框

(10) 单击"安装"按钮即可开始安装。

部分网络服务安装过程中可能需要提供 Windows Server 2016 安装光盘。有些网络服务可能会在安装过程中调用配置向导,做一些简单的服务配置,但更详细的配置通常都借助于安装完成后的网络管理实现(有些网络服务安装完成以后,需要重新启动系统才能生效)。

任务 1-6 使用 VM 的快照和克隆

Windows Server 2016 安装完成后,可以使用 VM 的快照和克隆,迅速恢复或生成新的计算机,给教学和实训带来极大便利。

(1) 将前面安装完成的 WIN2016-1 当作母盘,在 VM 中选中 WIN2016-1 虚拟机,选择"虚拟机"→"快照"→"拍摄快照"命令,如图 1-58 所示。

使用
快照与

图 1-58 拍摄快照

（2）按照向导生成快照 start1（一步步按向导完成即可）。利用该快照可以随时恢复到系统安装成功时的初始状态，这对于反复进行实训或排除问题的情况作用很大。

（3）选中 WIN2016-1 虚拟机，选择"虚拟机"→"管理"→"克隆"命令，如图 1-59 所示。

图 1-59　克隆 WIN2016-1 生成 DC4

（4）如图 1-60 所示填写新虚拟机的名称和位置后单击"完成"按钮，快速生成 DC4 计算机（虚拟机位置要提前规划好，如 f:\DC4）。

图 1-60　新虚拟机名称

（5）克隆成功后，启动 DC4 虚拟机，以管理员身份登录计算机。

注意　DC4 与 WIN2016-1 的管理员账户和密码相同,因为 DC4 是克隆而来的。

（6）输入并运行命令 C:\windows\system32\sysprep\sysprep.exe,如图 1-61 所示,选中"通用"选项。单击"确定"按钮,对 DC4 进行重整,消除克隆的影响。

图 1-61　消除克隆影响

（7）按照向导完成对 DC4 计算机的重整。

1.4　习题

1. 填空题

（1）Windows Server 2016 所支持的文件系统包括_____、_____、_____。Windows Server 2016 系统只能安装在_____文件系统分区。

（2）Windows Server 2016 有多种安装方式,分别适用于不同的环境,选择合适的安装方式可以提高工作效率。除了常规的使用 DVD 启动安装方式以外,还有_____、_____及_____。

（3）安装 Windows Server 2016 时,内存至少不低于_____,硬盘的可用空间不低于_____,并且只支持_____位版本。

（4）Windows Server 2016 管理员口令要求必须符合以下条件:①至少 6 个字符;②不包含用户账户名称超过 2 个以上连续字符;③包含_____、_____、大写字母(A～Z)、小写字母(a～z)4 组字符中的 2 组。

（5）Windows Server 2016 操作系统发行的版本主要有 4 个,即_____、_____、_____、_____。

（6）页面文件所使用的文件名是根目录下的_____，不要轻易删除该文件，否则可能会导致系统崩溃。

（7）对于虚拟内存的大小，建议为实际内存的_____。

2. 选择题

（1）在 Windows Server 2016 系统中，如果要输入 DOS 命令，则在"运行"对话框中输入（　　）。

　　A. CMD　　　　　　　B. MMC　　　　　　　C. AUTOEXE　　　D. TTY

（2）Windows Server 2016 系统安装时生成的 Documents and Settings、Windows 以及 Windows\System 32 文件夹是不能随意更改的，因为它们是（　　）。

　　A. Windows 的桌面

　　B. Windows 正常运行时所必需的应用软件文件夹

　　C. Windows 正常运行时所必需的用户文件夹

　　D. Windows 正常运行时所必需的系统文件夹

（3）有一台服务器的操作系统是 Windows Server 2008 R2，文件系统是 NTFS，无任何分区。现要求对该服务器进行 Windows Server 2016 的安装，保留原数据，但不保留操作系统。应使用（　　）进行安装才能满足需求。

　　A. 在安装过程中进行全新安装并格式化磁盘

　　B. 对原操作系统进行升级安装，不格式化磁盘

　　C. 做成双引导，不格式化磁盘

　　D. 重新分区并进行全新安装

（4）现要在一台装有 Windows Server 2008 R2 操作系统的机器上安装 Windows Server 2016，并做成双引导系统。此计算机硬盘的大小是 200GB，有 2 个分区：C 盘 100GB，文件系统是 FAT；D 盘 100GB，文件系统是 NTFS。为使计算机成为双引导系统，下列选项中最好的方法是（　　）。

　　A. 安装时选择升级选项，并且选择 D 盘作为安装盘

　　B. 全新安装，选择 C 盘上与 Windows 相同的目录作为 Windows Server 2016 的安　　装目录

　　C. 升级安装，选择 C 盘上与 Windows 不同的目录作为 Windows Server 2016 的安　　装目录

　　D. 全新安装，且选择 D 盘作为安装盘

3. 简答题

（1）简述 Windows Server 2016 系统的最低硬件配置需求。

（2）在安装 Windows Server 2016 前有哪些注意事项？

（3）简述 Windows Server 2016 的版本及最低安装要求。

1.5　实训项目　基础配置 Windows Server 2016

1. 实训目的

• 掌握 Windows Server 2016 网络操作系统桌面环境的配置方法。

- 掌握 Windows Server 2016 防火墙的配置方法。
- 掌握 Windows Server 2016 控制台的应用。
- 掌握在 Windows Server 2016 中添加角色和功能的方法。

2. 项目环境

公司新购进一台服务器,硬盘空间为 500GB。已经安装了 Windows 10 网络操作系统和 VMware Workstation Pro 15.5,计算机名为 client1。Windows Server 2016 的映像文件已保存在硬盘上。网络拓扑图参照图 1-3。

3. 项目要求

实训项目要求如下。

(1) 在 VM 中安装 Widows Server 2016 的虚拟机。

(2) 配置桌面环境。

① 更改计算机名。

② 虚拟内存大小设为实际内存的 2 倍。

③ 配置网络:IP 地址为 192.168.10.1,网关为 192.168.10.254,首选 DNS 为 192.168.10.1。

④ 设置显示属性。

⑤ 查看系统信息。

⑥ 利用"Windows 更新"更新 Windows Server 2016 网络操作系统为最新版次。

(3) 关闭防火墙。

(4) 使用规划放行 ping 命令。

(5) 测试物理主机(client1)与虚拟机(WIN2016-1)之间的通信。分别演示 3 种网络连接方式下的通信情况,从而总结出 3 种联网方式的区别与应用场所。

(6) 根据具体的虚拟机环境演示虚拟机连接互联网的方法和技巧。

(7) 使用管理控制台。

(8) 添加角色和功能。

未名公司组建的单位内部的办公网络原来是基于工作组方式的,近期由于公司业务的快速发展,人员激增。公司基于方便和网络安全管理的需要,考虑将基于工作组的网络升级为基于域的网络。现在需要将一台或多台计算机升级为域控制器,并将其他所有计算机加入域成为成员服务器,同时将原来的本地用户账户和组也升级为域用户和组进行管理。

- 掌握规划和安装局域网中的活动目录的方法。
- 掌握创建目录林根级域的方法。
- 掌握安装额外域控制器的方法。
- 掌握创建子域的方法。

2.1 相关知识

Active Directory 又称活动目录,是 Windows Server 系统中非常重要的目录服务。Active Directory 用于存储网络上各种对象的有关信息,包括用户账户、组、打印机、共享文件夹等,并把这些数据存储在目录服务数据库中,便于管理员和用户查询及使用。活动目录具有安全、可扩展、可伸缩的特点,与 DNS 集成在一起,可基于策略进行管理。

2.1.1 认识活动目录及意义

活动目录就是 Windows 网络中的目录服务(directory service),即活动目录域服务(AD DS)。目录服务有两方面内容:目录和与目录相关的服务。

活动目录负责目录数据库的保存、新建、删除、修改与查询等服务,用户能很容易地在目录内寻找所需要的数据。

AD DS 的适用范围非常广泛,它可以用在一台计算机、一个小型局域网络(LAN)或数个广域网(WAN)结合的环境中,它包含此范围中的所有对象,例如文件、打印机、应用程序、服务器、域控制器和用户账户等。活动目录具有以下意义。

1. 简化管理

活动目录和域密切相关。域是指网络服务器和其他计算机的一种逻辑分组,凡是在共享域逻辑范围内的用户都使用公共的安全机制和用户账户信息,每个使用者在域中只拥有一个账户,每次登录的是整个域。

活动目录用于将域中的资源分层次地组织在一起,每个域都包含一个或多个域控制器(directory controled,DC)。域控制器就是安装活动目录的 Windows Server 2012 R2 的计算机,它存储域目录完整的副本。为了简化管理,域中的所有域控制器都是对等的,可以在任意一台域控制器上做修改,更新的内容将被复制到该域中所有其他域控制器。活动目录为管理网络上的所有资源提供单一入口,进一步简化了管理。管理员可以登录任意一台计算机管理网络。

2. 安全性

安全性通过登录身份验证及目录对象的访问控制集成在活动目录之中。通过单点网络登录,管理员可以管理分散在网络各处的目录数据和组织单位,经过授权的网络用户可以访问网络任意位置的资源,基于策略的管理简化了网络的管理。

活动目录通过对象访问控制列表及用户凭据保护用户账户和组信息,因为活动目录不但可以保存用户凭据,还可以保存访问控制信息,所以登录到网络上的用户既能获得身份验证,也能获得访问系统资源所需的权限。例如,在用户登录到网络时,安全系统会利用存储在活动目录中的信息验证用户的身份,在用户试图访问网络服务时,系统会检查在服务的自由访问控制列表(DCAL)中定义的属性。

活动目录允许管理员创建组账户,管理员可以更加有效地管理系统的安全性,通过控制组权限可控制组成员的访问操作。

3. 改进的性能与可靠性

Windows Server 2012 R2 能够更加有效地管理活动目录的复制与同步,不管是在域内还是在域间,管理员都可以更好地控制要在域控制器间进行同步的信息类型。活动目录还提供了许多技术,可以智能地选择只复制发生更改的信息,而不是机械地复制整个目录的数据库。

2.1.2 命名空间

命名空间(namespace)是一个界定好的区域(bounded area),在此区域内,我们可以利用某个名称找到与此名称有关的信息。例如,一本电话簿就是一个命名空间,在这本电话簿内(界定好的区域内),我们可以利用姓名来找到某人的电话、地址与生日等数据。又比如,Windows 操作系统的 NTFS 文件系统也是一个命名空间,在这个文件系统内,我们可以利用文件名来找到此文件的大小、修改日期与文件内容等数据。

活动目录域服务(AD DS)也是一个命名空间。利用 AD DS,我们可以通过对象名称来找到与此对象有关的所有信息。

在 TCP/IP 网络环境下利用 DNS(domain name system)来解析主机名与 IP 地址的对应关系,例如,利用 DNS 来得知主机的 IP 地址。AD DS 也与 DNS 紧密地集成在一起,它的域名空间也是采用 DNS 架构,因此域名是采用 DNS 格式来命名的,例如,可以将 AD DS 的域名命名为 long.com。

2.1.3　对象和属性

AD DS 内的资源以对象(object)的形式存在,例如,用户、计算机等都是对象,而对象是通过属性(attribute)来描述其特征的,也就是对象本身是一些属性的集合。例如,若要为使用者张三建立一个账户,则需新建一个对象类型(object class)为用户的对象(也就是用户账户),然后在此对象内输入张三的姓、名、登录名与地址等,其中的用户账户就是对象,而姓、名与登录名等就是该对象的属性。

2.1.4　容器

容器(container)与对象类似,它也有自己的名称,也是一些属性的集合,不过容器内可以包含其他对象(例如用户、计算机等),也可以包含其他容器。

组织单位是一个比较特殊的容器,其内可以包含其他对象与组织单位。组织单位也是应用组策略(group policy)和委派责任的最小单位。

AD DS 以层次式架构(hierarchical)将对象、容器与组织单位等组合在一起,并将其存储到 AD DS 数据库内。

2.1.5　可重新启动的 AD DS

在旧版 Windows 域控制器内,若要进行 AD DS 数据库维护工作(例如数据库脱机重整),就需要重新启动计算机,进入目录服务还原模式(directory service restore mode)来执行维护工作。若这台域控制器也同时提供其他网络服务,例如它同时也是 DHCP 服务器,则重新启动计算机将造成这些服务暂时中断。

除了进入目录服务还原模式外,Windows Server 2012 R2 等域控制器还提供可重新启动的 AD DS 功能,也就是说若要执行 AD DS 数据库维护工作,只需要将 AD DS 服务停止即可,不需要重新启动计算机来进入目录服务还原模式,这样不但可以让 AD DS 数据库的维护工作更容易、更快速地完成,而且其他服务也不会被中断。完成维护工作后再重新启动 AD DS 服务即可。

在 AD DS 服务停止的情况下,只要还有其他域控制器在线,则仍然可以在这台 AD DS 服务停止的域控制器上利用域用户账户登录。若没有其他域控制器在线,则在这台 AD DS 服务已停止的域控制器上默认只能够利用目录服务还原模式下的系统管理员账户来进入目录服务还原模式。

2.1.6　Active Directory 回收站

在旧版 Windows 系统中,系统管理员若不小心将 AD DS 对象删除,其恢复过程耗时费力,例如误删组织单位,其内部的所有对象都会丢失,此时虽然系统管理员可以进入目录服务还原模式来恢复被误删的对象,不过比较耗费时间,而且在进入目录服务还原模式这段时间内,域控制器会暂时停止对客户端提供服务。Windows Server 2012 R2 具备 Active Directory(活动目录)回收站功能,它让系统管理员不需要进入目录服务还原模式就可以快速恢复被删除的对象。

AD DS 的复制模式

2.1.7　AD DS 的复制模式

域控制器之间在复制 AD DS 数据库时，分为下面两种复制模式。

- 多主机复制模式（multi-master replication model）：AD DS 数据库内的大部分数据是利用此模式进行复制操作的。在此模式下，可以直接更新任何一台域控制器内的 AD DS 对象，之后这个更新过的对象会被自动复制到其他域控制器。例如，在任何一台域控制器的 AD DS 数据库内添加一个用户账户后，此账户会自动被复制到域内的其他域控制器。

- 单主机复制模式（single-master replication model）：AD DS 数据库内少部分数据是采用单主机复制模式进行复制的。在此模式下，当你提出修改对象数据的请求时，会由其中一台域控制器（被称为操作主机）负责接收与处理此请求，也就是说该对象是先在操作主机中被更新，再由操作主机将它复制给其他域控制器。例如，添加或删除一个域时，此变动数据会先被写入扮演域命名操作主机角色的域控制器内，再由它复制给其他域控制器。

认识活动目录

2.1.8　认识活动目录的逻辑结构

活动目录结构是指网络中所有用户、计算机以及其他网络资源的层次关系，就像一个大型仓库中分出若干个小储藏间，每个小储藏间分别用来存放东西。通常活动目录的结构可以分为逻辑结构和物理结构，分别包含不同的对象。

活动目录的逻辑结构非常灵活，目录中的逻辑单元通常包括架构、域、组织单位（organizational unit，OU）、域树、域林、站点和目录分区。

1. 架构

AD DS 对象类型与属性数据是定义在架构（schema）内的，例如，它定义了用户对象类型内包含哪些属性（姓、名、电话等）、每一个属性的数据类型等信息。

隶属 Schema Admins 组的用户可以修改架构内的数据，应用程序也可以自行在架构内添加其所需的对象类型或属性。在一个林内的所有域树共享相同的架构。

2. 域

域是在 Windows NT/2000/2003/2008/2012 网络环境中组建客户机/服务器网络的实现方式。所谓域，是由网络管理员定义的一组计算机集合，实际上就是一个网络。在这个网络中，至少有一台称为域控制器的计算机充当服务器角色。在域控制器中保存着整个网络的用户账户及目录数据库，即活动目录。管理员可以通过修改活动目录的配置来实现对网络的管理和控制，如管理员可以在活动目录中为每个用户创建域用户账户，使他们可登录域并访问域的资源。同时，管理员也可以控制所有网络用户的行为，如控制用户能否登录、在什么时间登录、登录后能执行哪些操作等。而域中的客户计算机要访问域的资源，则必须先加入域，并通过管理员为其创建域用户账户登录域才能访问域资源；同时，也必须接受管理员的控制和管理。构建域后，管理员可以对整个网络实施集中控制和管理。

3. 组织单位

OU 是组织单位，在活动目录（active directory，AD）中扮演着特殊的角色，它是一个当普通边界不能满足要求时创建的边界。OU 把域中的对象组织成逻辑管理组,而不是安全组或代表地理实体的组。OU 是应用组策略和委派责任的最小单位。

组织单位是包含在活动目录中的容器对象。创建组织单位的目的是对活动目录对象进行分类。比如,由于一个域中的计算机和用户较多,会使活动中的对象非常多。这时,管理员如果想查找某一个用户账户并进行修改是非常困难的。另外,如果管理员只想对某一部门的用户账户进行操作,实现起来也不太简单。如果管理员在活动目录中创建了组织单位,所有操作就会变得非常简单。比如,管理员可以按照公司的部门创建不同的组织单位,如财务部组织单位、市场部组织单位、策划部组织单位等,并将不同部门的用户账户建立在相应的组织单位中,这样管理时就会非常容易、方便。除此之外,管理员还可以针对某个组织单位设置组策略,实现对该组织单位内所有对象的管理和控制。

总之,创建组织单位有以下好处。

- 可以分类组织对象,使所有对象结构更清晰。
- 可以对某些对象配置组策略,实现对这些对象的管理和控制。
- 可以委派管理控制权,如管理员可以给不同部门的网络主管授权,让他们管理本部门的账户。

因此,组织单位是将用户、组、计算机和其他单元放入活动目录的容器,组织单位不能包括来自其他域的对象。组织单位是可以指派组策略设置或委派管理权限的最小作用单位。使用组织单位,用户可在组织单位中代表逻辑层次结构的域中创建容器,这样就可以根据组织模型管理网络资源的配置和使用。可授予用户对域中某个组织单位的管理权限,组织单位的管理员不需要具有域中任何其他组织单位的管理权。

4. 域目录树

当要配置一个包含多个域的网络时,应该将网络配置成域目录树结构,如图 2-1 所示。

在图 2-1 所示的域目录树中,最上层的域名为 China.com,它是这个域目录树的根域,也称为父域。下面两个域 Jinan.China.com 和 Beijing.China.com 是 China.com 域的子域。3 个域共同构成了这个域目录树。

活动目录的域名仍然采用 DNS 域名的命名规则进行命名。在图 2-1 所示的域目录树中,两个子域的域名 Jinan.China.com 和 Beijing.China.com 中仍包含父域的域名 China.com,因此,它们的命名空间是连续的。这也是判断两个域是否属于同一个域目录树的重要条件。

图 2-1 域目录树

在整个域目录树中,所有域共享同一个活动目录,即整个域目录树中只有一个活动目录。只不过这个活动目录分散地存储在不同的域中(每个域只负责存储和本域有关的数据),整体上形成一个大的分布式的活动目录数据库。在配置一个较大规模的企业网络时,可以配置为域目录树结构,比如,将企业总部的网络配置为根域,各分支机构的网络配置为子域,整体上形成一个域目录树,以实现集中管理。

5. 域目录林

如果网络的规模比前面提到的域目录树还要大，甚至包含了多个域目录树，这时可以将网络配置为域目录林(也称森林)结构。域目录林由一个或多个域目录树组成，如图 2-2 所示。域目录林中的每个域目录树都有唯一的命名空间，它们之间并不是连续的，这一点从图中的两个目录树中可以看到。

图 2-2　域目录林

整个域目录林中也存在一个根域，这个根域是域目录林中最先安装的域。在图 2-2 所示的域目录林中，China.com 是最先安装的，则这个域是域目录林的根域。

注意　在创建域目录林时，组成域目录林的两个域目录树的树根之间会自动创建相互的、可传递的信任关系。由于有了双向的信任关系，域目录林中的每个域中的用户都可以访问其他域的资源，也可以从其他域登录到本域中。

6. 站点

站点由一个或多个 IP 子网组成，这些子网通过高速网络设备连接在一起。站点往往由企业的物理位置分布情况决定，可以依据站点结构配置活动目录的访问和复制拓扑关系，使网络更有效地连接，并且可使复制策略更合理，用户登录更快速。活动目录中的站点与域是两个完全独立的概念，一个站点中可以有多个域，多个站点也可以位于同一个域中。

活动目录站点和服务可以通过使用站点提高大多数配置目录服务的效率。通过使用活动目录站点和服务来发布站点，并提供有关网络物理结构的信息，从而确定如何复制目录信息和处理服务的请求。计算机站点是根据其在子网或组已连接好子网中的位置指定的，子网用来为网络分组，类似于生活中使用邮政编码划分地址。划分子网可方便发送有关网络与目录连接的物理信息，而且同一子网中计算机的连接情况通常优于不同网络。

使用站点的意义主要在于以下 3 点。

（1）提高了验证过程的效率。当客户使用域账户登录时，登录机制首先搜索与客户处于同一站点内的域控制器，使用客户站点内的域控制器可以使网络传输本地化，从而加快了身份验证的速度，提高了验证过程的效率。

（2）平衡了复制频率。活动目录信息可在站点内部或站点之间进行信息复制，但由于网络的原因，活动目录在站点内部复制信息的频率高于站点间的复制频率，这样做可以平衡对最新目录的信息需求和可用网络带宽带来的限制，可以通过站点链接来定制活动目录如何复制信息以指定站点的连接方法，活动目录使用有关站点如何连接的信息生成连接对象，以便提供有效的复制和容错。

（3）可提供有关站点链接信息。活动目录可使用站点链接信息费用、链接使用次数、链接何时可用以及链接使用频度等信息确定应使用哪个站点来复制信息以及何时使用该站点。定制复制计划使复制在特定时间（诸如网络传输空闲时）进行，会使复制更为有效。通常所有域控制器都可用于站点间信息的变换，也可以通过指定桥头堡服务器优先发送和接收站间复制信息的方法来进一步控制复制行为。当希望拥有用于站间复制的特定服务器时，我们宁愿建立一个桥头堡服务器而不使用其他可用服务器。或在配置代理服务器时建立一个桥头堡服务器，用于通过防火墙发送和接收信息。

7. 目录分区

AD DS 数据库被分为下面 4 个目录分区。

- 架构目录分区（schema directory partition）：它存储着整个林中所有对象与属性的定义数据，也存储着如何建立新对象与属性的规则。整个林内所有域共享一份相同的架构目录分区，它会被复制到林中所有域的域控制器。
- 配置目录分区（configuration directory partition）：其内存储着整个 AD DS 的结构，例如有哪些域、哪些站点、哪些域控制器等数据。整个林共享一份相同的配置目录分区，它会被复制到林中所有域的域控制器。
- 域目录分区（domain directory partition）：每一个域各有一个域目录分区，存储着与该域有关的对象，例如用户、组与计算机等对象。每一个域各自拥有一份域目录分区，它只会被复制到该域内所有域的域控制器，但并不会被复制到其他域的域控制器。
- 应用程序目录分区（application directory partition）：一般来说，应用程序目录分区是由应用程序所建立的，其内存储着与该应用程序有关的数据。例如，由 Windows Server 2012 R2 扮演的 DNS 服务器，若所建立的 DNS 区域为 Active Directory 集成区域，则它便会在 AD DS 数据库内建立应用程序目录分区，以便存储该区域的数据。应用程序目录分区会被复制到林中特定的域控制器中，而不是所有的域控制器。

2.1.9 认识活动目录的物理结构

活动目录的物理结构与逻辑结构是彼此独立的两个概念。逻辑结构侧重于网络资源的管理，而物理结构侧重于网络的配置和优化。物理结构的 3 个重要概念是域控制器、只读域控制器（RODC）和全局编录服务器。

1. 域控制器

域控制器是指安装了活动目录的 Windows Server 2012 R2 的服务器,它保存了活动目录信息的副本。域控制器管理目录信息的变化,并把这些变化复制到同一个域中的其他域控制器上,使各域控制器上的目录信息同步。域控制器负责用户的登录过程以及其他与域有关的操作,如身份鉴定、目录信息查找等。一个域可以有多个域控制器,规模较小的域可以只有 2 个域控制器,一个进行实际应用,另一个用于容错性检查;规模较大的域则使用多个域控制器。

域控制器没有主次之分,采用多主机复制方案,每一个域控制器都有一个可写入的目录副本,这为目录信息容错带来了很大的好处。尽管在某个时刻,不同的域控制器中的目录信息可能有所不同,但一旦活动目录中的所有域控制器执行同步操作之后,最新的变化信息就会一致。

2. 只读域控制器

只读域控制器(read-only domain controller,RODC)的 AD DS 数据库只可以被读取、不可以被修改,也就是说用户或应用程序无法直接修改 RODC 的 AD DS 数据库。RODC 的 AD DS 数据库内容只能够从其他可读写的域控制器复制过来。RODC 主要是设计给远程分公司网络来使用的,因为一般来说远程分公司的网络规模比较小、用户人数比较少,此网络的安全措施或许并不如总公司完备,也可能缺乏 IT 技术人员,因此采用 RODC 可避免因其 AD DS 数据库被破坏而影响到整个 AD DS 环境。

1) RODC 的 AD DS 数据库内容

除了账户的密码外,RODC 的 AD DS 数据库内会存储 AD DS 域内的所有对象与属性。远程分公司内的应用程序要读取 AD DS 数据库内的对象时,可以通过 RODC 来快速获取。不过因为 RODC 并不存储用户账户的密码,因此它在验证用户名称与密码时,仍然需将它们送到总公司的可写域控制器来验证。

由于 RODC 的 AD DS 数据库是只读的,因此远程分公司的应用程序如果要修改 AD DS 数据库的对象或用户要修改密码,这些变更请求都会被转发到总公司的可写域控制器来处理,总公司的可写域控制器再通过 AD DS 数据库的复制程序将这些变动数据复制给 RODC。

2) 单向复制(unidirectional replication)

总公司的可写域控制器的 AD DS 数据库有变动时,此变动数据会被复制到 RODC。因为用户或应用程序无法直接修改 RODC 的 AD DS 数据库,所以总公司的可写域控制器不会向 RODC 索取变动数据,因而可以降低网络的负担。

除此之外,可写域控制器通过 DFS 分布式文件系统将 SYSVOL 文件夹(用来存储与组策略有关等的设置)复制到 RODC 中时也采用单向复制。

3) 认证缓存(credential caching)

RODC 在验证用户的密码时,仍然需要将它们送到总公司的可写域控制器来验证,若希望提高验证速度,可以选择将用户的密码存储到 RODC 的认证缓存区。需要通过密码复制策略(password replication policy)来选择可以被 RODC 缓存的账户。建议不要缓存太多账户,因为分公司的安全措施可能比较差,若 RODC 被入侵,则存储在缓存区内的认证信息可能会外泄。

4）系统管理员角色隔离（administrator role separation）

可以通过系统管理员角色隔离功能来将任何一位域用户指定为 RODC 的本机系统管理员，他可以在 RODC 这台域控制器上登录并执行管理工作，例如更新驱动程序等，但他却无法登录其他域控制器，也无法执行其他域管理工作。此功能让管理员可以将 RODC 的一般管理工作分配给用户，但却不会危害到域安全。

5）只读域名系统（read-only domain name system）

可以在 RODC 上架设 DNS 服务器，RODC 会复制 DNS 服务器的所有应用程序目录分区。客户端可向此台扮演 RODC 角色的 DNS 服务器提出 DNS 查询要求。

不过 RODC 的 DNS 服务器不支持客户端动态更新，因此客户端的更新记录请求会被此 DNS 服务器转发到其他 DNS 服务器，让客户端转向该 DNS 服务器进行更新，而 RODC 的 DNS 服务器也会自动从这台 DNS 服务器复制该更新记录。

3. 全局编录服务器

尽管活动目录支持多主机复制方案，但是由于复制引起通信流量以及网络潜在的冲突，变化的传播并不一定能够顺利地进行，因此有必要在域控制器中指定全局编录（global catalog，GC）服务器以及操作主机。全局编录是一个信息仓库，包含活动目录中所有对象的部分属性，是在查询过程中访问最为频繁的属性。利用这些信息可以定位任何一个对象实际所在的位置。全局编录服务器是一个域控制器，它保存了全局编录的一份副本，并执行对全局编录的查询操作。全局编录服务器可以提高活动目录中大范围内对象检索的性能，比如在域林中查询所有的打印机操作。如果没有全局编录服务器，那么必须调动域林中每一个域的查询过程。如果域中只有一个域控制器，那么它就是全局编录服务器；如果有多个域控制器，那么管理员必须把一个域控制器配置为全局编录控制器。

2.2　项目设计及准备

1. 项目设计

下面利用图 2-3 来说明如何建立第 1 个林中的第 1 个域（根域）。将安装一台 Windows

角色：第1台域控制器
　　　& DNS服务器
主机名：DC1
IP地址：192.168.10.1/24
DNS：192.168.10.1

角色：第2台域控制器（额外域控）
主机名：DC2
IP地址：192.168.10.2/24
DNS：192.168.10.1

long.com

角色：第3台域控制器（RODC）
主机名：DC3
IP地址：192.168.10.3/24
DNS：192.168.10.1

角色：成员服务器
主机名：MS1
IP地址：192.168.10.10/24
DNS：192.168.10.1

角色：第4台域控制器（利用安装介质）
主机名：DC4
IP地址：192.168.10.4/24
DNS：192.168.10.1

图 2-3　AD DS 网络规划拓扑图

Server 2016 服务器,然后将其升级为域控制器并建立域。我们也将架设此域的第 2 台域控制器(Windows Server 2016)、第 3 台域控制器(Windows Server 2016)、第 4 台域控制器(Windows Server 2016)和一台加入域的成员服务器(Windows Server 2016),如图 2-3 所示。

 建议利用 VMware Workstation 或 Windows Server 2016 Hyper-V 等提供虚拟环境的软件来搭建如图 2-3 所示中的网络环境。若复制(克隆)现有虚拟机,则要记得执行"C:\windows\system32\sysprep\Sysprep.exe"命令并选择"通用"选项,因为对新克隆的计算机进行重整才能正常使用。为了不相互干扰,VM 的虚拟机的网络连接方式采用"仅主机模式"。

2. 项目准备

要将图 2-3 左上角的服务器 DC1 升级为域控制器(安装 Active Directory 域服务),因为它是第 1 台域控制器,因此这个升级操作会同时完成下面工作。

- 建立第一个新林。
- 建立此新林中的第一个域树。
- 建立此新域树中的第一个域。
- 建立此新域中的第一台域控制器。
- 将计算机名称 DC1 自动更改为 DC1.long.com。

换句话说,在建立图 2-3 中的第 1 台域控制器 DC1.long.com 时,会同时建立此域控制器所隶属的域 long.com、域 long.com 所隶属的域树,而域 long.com 也是此域树的根域。由于是第一个域树,因此它同时会建立一个新林,林名就是第一个域树根域的域名 long.com,域 long.com 就是整个林的林根域。

我们将通过新建服务器角色的方式,将图 2-3 中左上角的服务器 DC1.long.com 升级为网络中的第一台域控制器。

 超过一台计算机参与部署环境时,一定要保证各计算机间的通信畅通,否则无法进行后续的工作。当使用 ping 命令测试失败时,会有两种可能:一种情况是计算机间的配置确实存在问题,比如 IP 地址、子网掩码等;另一种情况也可能是本身计算机间的通信是畅通的,但由于对方防火墙等阻挡了 ping 命令的执行。

创建第一个域(目录林根级域)

2.3 项目实施

任务 2-1 创建第一个域(目录林根级域)

由于域控制器使用的活动目录和 DNS 有非常密切的关系,因此网络中要求有 DNS 服务器存在,并且 DNS 服务器要支持动态更新。如果没有 DNS 服务器存在,可以在创建域时一起把 DNS 安装上。这里假设图 2-3 中的 DC1 服务器尚未安装 DNS,并且是该域林中的第 1 台域控制器。

1. 安装 Active Directory 域服务

活动目录在整个网络中的重要性不言而喻。经过 Windows Server 2008 和 Windows Server 2012 的不断完善，Windows Server 2016 中的活动目录服务功能更加强大且管理更加方便。在 Windows Server 2016 系统中安装活动目录时，需要先安装 Active Directory 域服务，然后将此服务器提升为域控制器，从而完成活动目录的安装。

Active Directory 域服务的主要作用是存储目录数据并管理域之间的通信，包括用户登录处理、身份验证和目录搜索等。

（1）请先在图 2-3 中左上角的服务器 DC1 上安装 Windows Server 2016，将其计算机名称设置为 DC1，IPv4 地址等按图 2-3 所示进行配置（图 2-3 中采用 TCP IPv4）。注意将计算机名称设置为 DC1 即可，当升级为域控制器后，它会自动被改为 DC1.long.com。

（2）以管理员用户身份登录到 DC1，依次选择"开始"→"Windows 管理工具"→"服务器管理器"命令，打开"服务器管理器"窗口，单击"添加角色和功能"按钮，打开如图 2-4 所示的"添加角色和功能向导"对话框。

图 2-4　"添加角色和功能向导"对话框

提示　　请读者注意图 2-4 中的"启动'删除角色和功能'向导"按钮。如果安装完 AD 服务后，需要删除该服务角色，则单击该按钮，删除 Active Directory 域服务即可！

（3）依次单击"下一步"按钮，直到打开如图 2-5 所示的选择服务器角色的"添加角色和功能向导"对话框时，选中"Active Directory 域服务"复选框，在打开的对话框中单击"添加

图 2-5　选择服务器角色

功能"按钮。

(4) 依次单击"下一步"按钮,直到打开如图 2-6 所示的确认安装所选内容的"添加角色和功能向导"对话框。

图 2-6　"添加角色和功能向导"对话框

（5）单击"安装"按钮即可开始安装。安装完成后显示如图 2-7 所示的安装结果，提示"Active Directory 域服务"已经成功安装。请单击"将此服务器提升为域控制器"按钮。

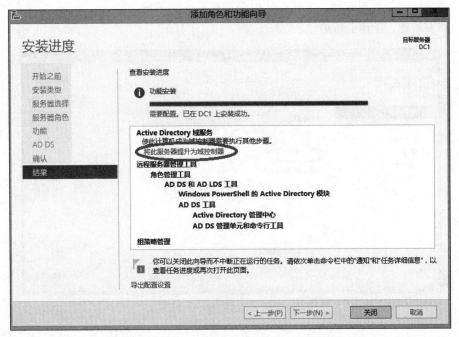

图 2-7　"Active Directory 域服务"安装成功

　　　　如果在图 2-7 所示的对话框中直接单击"关闭"按钮，则之后要将其提升为域控制器时，请单击图 2-8 所示"服务器管理器"窗口右上方的旗帜符号，再单击"将此服务器提升为域控制器"按钮即可。

2. 安装活动目录

（1）在如图 2-7 或图 2-8 所示窗口中单击"将此服务器提升为域控制器"按钮，打开如图 2-9 所示的"部署配置"对话框，选中"添加新林"单选按钮，输入林根域名（本例为 long. com），创建一台全新的域控制器。如果网络中已经存在其他域控制器或林，则可以选中"将新域添加到现有林"单选按钮，在现有林中安装即可。

图 2-8　将此服务器提升为域控制器

"选择部署操作"选项区中 3 个选项的具体含义如下。

- 将域控制器添加到现有域：可以向现有域添加第 2 台或更多域控制器。
- 将新域添加到现有林：在现有林中创建现有域的子域。
- 添加新林：新建全新的域。

图 2-9 "部署配置"对话框

 网络既可以配置一台域控制器,也可以配置多台域控制器,以分担用户的登录和访问功能。多个域控制器可以一起工作,并会自动备份用户账户和活动目录数据,即使部分域控制器瘫痪,网络访问仍然不受影响,从而提高网络的安全性和稳定性。

(2) 单击"下一步"按钮,打开如图 2-10 所示的"域控制器选项"对话框。

图 2-10 "域控制器选项"对话框

　　① 设置林功能级别和域功能级别。不同的林功能级别可以向下兼容不同平台的 Active Directory 服务功能。选择"Windows Server 2008"，可以提供 Windows Server 2008 平台以上的所有 Active Directory 功能；选择"Windows Server 2016"，可提供 Windows Server 2016 平台以上的所有 Active Directory 功能。用户可以根据自己实际的网络环境选择合适的功能级别。设置不同的域功能级别主要是为了兼容不同平台下的网络用户和子域控制器，在此只能选择"Windows Server 2016"版本的域控制器。

　　② 设置目录服务还原模式密码。由于有时需要备份和还原活动目录，且还原时（启动系统时按 F8 键）必须进入"目录服务还原模式"下，所以此处要求输入"目录服务还原模式"时使用的密码。由于该密码和管理员密码可能不同，所以一定要牢记该密码。

　　③ 指定域控制器功能。因为默认在此服务器上直接安装 DNS 服务器，所以该向导将自动创建 DNS 区域委派。无论 DNS 服务是否与 AD DS 集成，都必须将其安装在部署的 AD DS 目录林根级域的第一个域控制器上。

　　④ 第 1 台域控制器需要扮演全局编录服务器的角色。

　　⑤ 第 1 台域控制器不可以是 RODC。

提示

　　安装后若要设置"林功能级别"，登录域控制器，打开"Active Directory 域和信任关系"对话框，右击"Active Directory 域和信任关系"项，在弹出的快捷菜单中选择"提升林功能级别"命令，选择相应的林功能级别即可。正版的软件，可在包装盒上查看到有效序列号。

　　(3) 单击"下一步"按钮，打开如图 2-11 所示的"DNS 选项"对话框，会提示警告信息，目前不会有影响，因此不必理会它，直接单击"下一步"按钮。

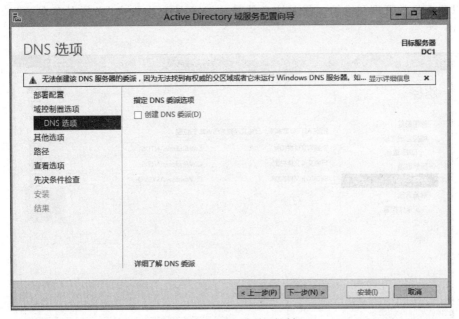

图 2-11　"DNS 选项"对话框

(4)在打开的如图 2-12 所示的"其他选项"对话框中会自动为此域设置一个 NetBIOS 名称,也可以更改此名称。如果此名称已被占用,安装程序会自动指定一个建议名称。完成后单击"下一步"按钮。

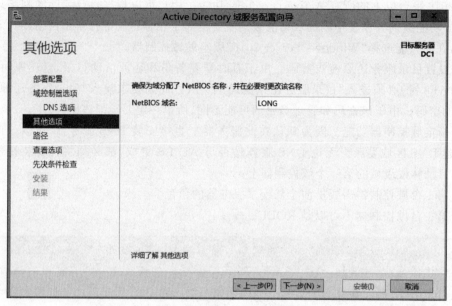

图 2-12 "其他选项"对话框

(5)打开如图 2-13 所示的"路径"对话框,可以单击"浏览"按钮 ... 更改为其他路径。其中,"数据库文件夹"用来存储互动目录数据库,"日志文件文件夹"用来存储活动目录的变化日志,以便于日常管理和维护。需要注意的是,"SYSVOL 文件夹"必须保存在 NTFS 格式的分区中。

图 2-13 指定 AD DS 数据库、日志文件和 SYSVOL 的位置

（6）单击"下一步"按钮，打开可以"查看选项"的对话框，单击"下一步"按钮。

（7）在打开的如图 2-14 所示的"先决条件检查"对话框中，如果顺利通过检查，就直接单击"安装"按钮，否则要按提示先排除问题。安装完成后会自动重新启动。

图 2-14　"先决条件检查"对话框

（8）重新启动计算机并升级为 Active Directory 域控制器之后，必须使用域用户账户登录，格式为"域名\用户账户"，如图 2-15（a）所示。选择左下角的其他用户可以更换登录用户，如图 2-15（b）所示。

(a) "SamAccountName登录"对话框　　　　(b) "UPN登录"对话框

图 2-15　登录对话框

- 用户 SamAccountName 登录。用户也可以利用此名称（如 long\administrator）来登录。其中 LONG 是 NetBIOS 名。同一个域中，此名称必须是唯一的。Windows NT、Windows 98 等旧版系统不支持 UPN，因此在这些计算机上登录时，只能使用此登录名。如图 2-15（a）所示即为此类登录。

- 用户 UPN 登录。用户可以利用这个与电子邮箱格式相同的名称(administrator@long.com)来登录域,此名称被称为 user principal name(UPN)。此名在域林中是唯一的,如图 2-15(b)所示即为此类登录。

3. 验证 Active Directory 域服务的安装

活动目录安装完成后,在 DC1 上可以从各方面进行验证。

1) 查看计算机名

在桌面上选择"开始"→"控制面板"命令,打开"控制面板"窗口,依次选择"系统和安全"→"系统"→"高级系统设置"命令,打开"系统属性"对话框,单击选中"计算机"选项卡,可以看到计算机已经由工作组成员变成了域成员,而且是域控制器。计算机名称已经变为 DC1.long.com 了。

2) 查看管理工具

活动目录安装完成后,会添加一系列的活动目录管理工具,包括"Active Directory 用户和计算机""Active Directory 站点和服务""Active Directory 域和信任关系"等。在桌面上选择"开始"→"Windows 管理工具"命令,可以在"管理工具"中找到这些管理工具的快捷方式。在"服务器管理器"窗口的"工具"菜单也会增加这些管理工具。

3) 查看活动目录对象

右击"开始"菜单,在弹出的快捷菜单中选择"Windows 管理工具"→"Active Directory 用户和计算机"命令,或者通过选择"服务器管理器"窗口的"工具"→"Active Directory 用户和计算机"命令,打开"Active Directory 用户和计算机"控制台。可以看到企业的域名 long.com。单击并选择该域,窗口右侧的详细信息窗格中会显示域中的各个容器。其中包括一些内置容器,主要有以下几种。

- built-in:存放活动目录域中的内置组账户。
- computers:存放活动目录域中的计算机账户。
- users:存放活动目录域中的一部分用户和组账户。
- Domain Controllers:存放域控制器的计算机账户。

4) 查看 Active Directory 数据库

Active Directory 数据库文件保存在%systemroot%\ntds(本例为 C:\windows\ntds)文件夹中,主要的文件如下。

- ntds.dit:数据库文件。
- edb.chk:检查点文件。
- temp.edb:临时文件。

5) 查看 DNS 记录

为了让活动目录正常工作,需要 DNS 服务器的支持。活动目录安装完成后,重新启动 DC1 时会向指定的 DNS 服务器上注册 SRV 记录。

依次选择"开始"→"Windows 管理工具"→DNS 命令,或者在服务器管理器窗口中选择"工具"→DNS 命令,打开"DNS 管理器"窗口。一个注册了 SRV 记录的 DNS 服务器如图 2-16 所示。

如果因为域成员本身的设置有误或者网络问题,造成它们无法将数据注册到 DNS 服务,则可以在问题解决后,重新启动这些计算机或利用以下方法来手动注册。

图 2-16　注册了 SRV 记录的 DNS 管理器

- 如果某域成员计算机的主机名与 IP 地址没有正确注册到 DNS 服务器,可在此计算机上运行 ipconfig /registerdns 来手动注册完成后,到 DNS 服务器检查是否已有正确记录。例如,域成员主机名为 DC1.long.com,IP 地址为 192.168.10.1,则检查区域 long.com 内是否有 DC1 的主机记录、其 IP 地址是否为 192.168.10.1。

- 如果发现域控制器并没有将其扮演的角色注册到 DNS 服务器内,也就是并没有类似如图 2-16 所示的_tcp 等文件夹与相关记录,请到此台域控制器上选择"开始"→"Windows 管理工具"→"服务"命令,打开如图 2-17 所示的"服务"窗口,在 Netlogon 服务项上右击,在弹出的快捷菜单中选择"重新启动"命令来注册。具体操作也可以使用以下命令。

图 2-17　重新启动 Netlogon 服务

```
net stop netlogon
net start netlogon
```

提示

　　SRV 记录手动添加无效。将注册成功的 DNS 服务器中的 long.com 域下面的 SRV 记录删除一些,试着在域控制器上使用上面的命令恢复 DNS 服务器被删除的内容(选择"刷新"命令即可)。

注意

　　"服务器管理器"控制台的"工具"菜单包含了"管理工具"的所有工具,因此,一般情况下,凡是集成在"Windows 管理工具"中的工具都能在"服务器管理器"控制台的"工具"菜单中找到。为了后面描述方便,后续项目中,在提到工具时会采用一种方式且会简略表述。请读者从此刻开始,对如何打开"Windows 管理工具"和"服务器管理器"要熟练掌握。

将MS1加入
long.com 域
(并验证)

任务 2-2　将 MS1 加入 long.com 域

　　下面再将 MS1(IP：192.168.10.10/24)独立服务器加入 long.com 域,将 MS1 提升为 long.com 的成员服务器。MS1 与 DC1 的虚拟机联网模式都是"仅主机模式",步骤如下。

　　(1) 在 MS1 服务器上,确认"本地连接"属性中的 TCP/IP 首选 DNS 指向了 long.com 域的 DNS 服务器,即 192.168.10.1。

　　(2) 在桌面上选择"开始"→"Windows 系统"→"控制面板"命令,打开"控制面板"窗口,再依次选择→"系统和安全"→"系统"→"高级系统设置"命令,弹出"系统属性"对话框,单击选中"计算机名"选项卡,单击"更改"按钮,弹出"计算机名/域更改"对话框,在"隶属"选项区中,选中"域"单选按钮,并输入要加入的域的名称 long.com,单击"确定"按钮。

　　(3) 输入有权限加入该域的账户名称和密码,确定后重新启动计算机即可。比如该域控制器 DC1.long.com 的管理员账户,如图 2-18 所示。

图 2-18　将 MS1 加入 long.com 域

（4）加入域后，其完整计算机名的后缀就会附上域名，即如图 2-19 所示的 MS1.long.com。单击"关闭"按钮，按照界面提示重新启动计算机。

图 2-19　加入 long.com 域后的系统属性

（1）将 Windows 10 的计算机加入域中的步骤和将 Windows Server 2016 计算机加入域中的步骤相同。

（2）这些被加入域的计算机，其计算机账户会被创建在 Computers 窗口内。

任务 2-3　利用已加入域的计算机登录

除了利用本地账户登录，也可以在已经加入域的计算机上，利用本地域用户账户登录。

1. 利用本地账户登录

在 MS1 登录界面中按 Ctrl＋Alt＋Del 组合键后，出现如图 2-20 所示的界面，图中默认让用户利用本地系统管理员 Administrator 的身份登录，因此只要输入 Administrator 的密码就可以登录。

图 2-20　本地用户登录

此时,系统会利用本地安全性数据库来检查账户与密码是否正确,如果正确,就可以成功登录,也可以访问计算机内的资源(若有权限),不过无法访问域内其他计算机的资源,除非在连接其他计算机时再输入有权限的用户名与密码。

2. 利用域用户账户登录

如果要利用域系统管理员 Administrator 的身份登录,则单击如图 2-20 所示左下角的"其他用户"按钮,打开如图 2-21 所示的"其他用户"登录对话框,输入域系统管理员的账户(long\administrator)与密码,单击登录按钮 → 进行登录。

图 2-21　域用户登录

 　　账户名前面要附加域名,如 long.com\administrator 或 long\administrator,此时账户与密码会被发送给域控制器,并利用 Active Directory 数据库来检查账户与密码是否正确,如果正确,就可以成功登录,并且可以直接连接域内任何一台计算机并访问其中的资源(如果被赋予权限),不需要手动输入用户名与密码。当然,也可以用 UPN 登录,如 administrator@long.com。在图 2-21 中,如何利用本地用户登录?输入用户名"MS1\administrator"及相应密码可以吗?

任务 2-4　转换服务器角色

Windows Server 2016 服务器在域中可以有 3 种角色:域控制器、成员服务器和独立服务器。当一台 Windows Server 2016 成员服务器安装了活动目录后,服务器就成为域控制器,域控制器可以对用户的登录等进行验证;然而有时 Windows Server 2016 服务器可以仅仅加入域中,而不安装活动目录,这时服务器的主要目的是提供网络资源,这样的服务器称为成员服务器。严格说来,独立服务器和域没有什么关系,如果服务器不加入域中,也不安装活动目录,服务器就称为独立服务器。服务器的这 3 个角色的转变如图 2-22 所示。

1. 域控制器降级为成员服务器

在域控制器上把活动目录删除,服务器就降级为成员服务器了。下面以图 2-3 中的

转换服务器
角色

图 2-22　服务器角色的转换

DC2 降级为例，介绍具体步骤。

1）删除活动目录注意要点

用户删除活动目录也就是将域控制器降级为独立服务器。降级时要注意以下 3 点。

（1）如果该域内还有其他域控制器，则该域会被降级为该域的成员服务器。

（2）如果这个域控制器是该域的最后一个域控制器，则被降级后，该域内将不存在任何域控制器。因此，如该域控制器被删除，则该计算机被降级为独立服务器。

（3）如果这台域控制器是"全局编录"，则将其降级后，它将不再担当"全局编录"的角色，因此要先确定网络上是否还有其他"全局编录"域控制器。如果没有，则要先指派一台域控制器来担当"全局编录"的角色，否则将影响用户的登录操作。

提示　指派"全局编录"的角色时，可以依次选择"开始"→"管理工具"→"Active Directory 站点和服务"命令，打开"Active Directory 站点和服务"窗口，再依次选择 Sites→Default-First-Site-Name→Servers 命令，展开要担当"全局编录"角色的服务器名称，右击"NTDS Settings 属性"选项，在弹出的快捷菜单中选中"属性"选项，在显示的"NTDS Settings 属性"对话框中选中"全局编录"复选框。

2）删除活动目录

（1）以管理员身份登录 DC2，单击左下角的服务器管理器图标按钮，在如图 2-23 所示的窗口中选择右上方的"管理"→"删除角色和功能"命令。

图 2-23　删除角色和功能

（2）在接下来的如图 2-24 所示的对话框中取消选中"Active Directory 域服务"复选框，在弹出的对话框中单击"删除功能"按钮。

图 2-24　删除服务器角色和功能

（3）打开如图 2-25 所示的对话框后，单击"确定"按钮，即将此域控制器降级。

（4）如果在如图 2-26 所示的对话框中当前的用户有权删除此域控制器，请单击"下一步"按钮，否则单击"更改"按钮来输入新的账户与密码。

图 2-25　验证结果

　　　　如果因故无法删除此域控制器（如在删除域控制器时，需要能够先连接到其他域控制器，但是却一直无法连接），或者是最后一个域控制器，此时选中图 2-26 中的"强制删除此域控制器"复选框。一般情况下默认不选中此项。

图 2-26　"凭据"对话框

（5）打开如图 2-27 所示的对话框后，继续进行删除设置，并进入下一步。

图 2-27　"警告"对话框

（6）打开如图 2-28 所示的对话框后，为这台即将被降级为独立或成员服务器的计算机设置本地 Administrator 的新密码后，再进入下一步。

图 2-28　输入新管理员密码

（7）在打开的查看选项对话框中单击"降级"按钮。

（8）完成后会自动重新启动计算机，请重新登录（以域管理员登录，图 2-29 中设置的是降级后的计算机 DC2 的本地管理员密码）。

　　　　虽然这台服务器已经不再是域控制器了，但此时其 Active Directory 域服务组件仍然存在，并没有被删除。因此，也可以直接将其升级为域控制器。

(9) 在服务器管理器中,选择"管理"→"删除角色和功能"命令。

(10) 出现"开始之前""删除角色和功能向导"对话框,单击"下一步"按钮。

(11) 在打开的选择目标服务器对话框中的服务器确认无误后,单击"下一步"按钮。

(12) 打开如图 2-29 所示的对话框,取消选中"Active Directory 域服务"复选框,在弹出的对话框中单击"删除功能"按钮。

图 2-29　"删除角色和功能向导"对话框

(13) 回到"删除服务器角色"对话框时,确认取消选中"Active Directory 域服务"复选框(也可以一起取消选中"DNS 服务器"复选框)后,单击"下一步"按钮。

(14) 出现"删除功能"对话框时,单击"下一步"按钮。

(15) 在打开的确认删除选择对话框中单击"删除"按钮。

(16) 完成后,重新启动计算机。

2. 成员服务器降级为独立服务器

在 DC2 中删除 Active Directory 域服务器后,降级为域 long.com 的成员服务器。现在将该成员服务器继续降级为独立服务器。

首先在 DC2 上以域管理员(long\administrator)或本地管理员(DC2\administrator)身份登录。登录成功后,在桌面上选择"开始"→"控制面板"命令,打开"控制面板"窗口,再依次选择"系统和安全"→"系统"→"高级系统设置"命令,弹出"系统属性"对话框,单击选中"计算机名"选项卡,单击"更改"按钮;弹出"计算机名/域更改"对话框;在"隶属"选项区中,选中"工作组"单选按钮,并输入从域中脱离后要加入的工作组的名称(本例为WORKGROUP),单击"确定"按钮;输入有权限脱离该域的账户的名称和密码,确定后重新启动计算机即可。

创建子域

任务 2-5　创建子域

本次任务要求创建 long.com 的子域 china.long.com。创建子域之前,读者需要先了解本任务实例部署的需求和实训环境。

1. 部署需求

在向现有域中添加域控制器前需满足以下要求。

（1）设置域中父域控制器和子域控制器的 TCP/IP 属性，手工指定 IP 地址、子网掩码、默认网关和 DNS 服务器 IP 地址等。

（2）部署域环境，父域域名为 long.com，子域域名为 china.long.com。

2. 部署环境

本任务所有实例被部署在域环境下，父域域名为 long.com，子域域名为 china.long.com。其中父域的域控制器主机名为 DC1，其本身也是 DNS 服务器，IP 地址为 192.168.10.1。子域的域控制器主机名为 DC2（前例中的 DC2 通过降级已经变成独立服务器，使用前例中的服务器可以提高实训效率），其本身也是 DNS 服务器，IP 地址为 192.168.10.2。具体网络拓扑图如图 2-30 所示。

图 2-30　创建子域的网络拓扑图

 　　　本例中仅用到 DC1 和 DC2。DC2 在前几个实例中是额外域控制器，降级后成为独立服务器。下面会将 DC2 升级为子域 china 的域控制器。

3. 创建子域

在计算机 DC2 上安装 Active Directory 域服务，使其成为子域 china.long.com 中的域控制器，具体步骤如下。

（1）在 DC2 上以管理员账户登录，打开"Internet 协议版本 4（TCP/IPv4）属性"对话框，按图 2-30 所示配置 DC2 计算机的 IP 地址、子网掩码、默认网关以及 DNS 服务器，其中 DNS 服务器一定要设置为自身的 IP 地址和父域的域控制器的 IP 地址。

（2）添加"Active Directory 域服务"角色和功能。

（3）启动 Active Directory 安装向导，当打开"部署配置"对话框时，选中"将新域添加到现有林"单选按钮，单击"未提供凭据"后面的"更改"按钮，打开"Windows 安全"对话框，输入有权限的用户：long\administrator 及其密码，如图 2-31 所示，单击"确定"按钮。

图 2-31　"部署配置"对话框

（4）返回提供凭据的"部署配置"界面，如图 2-32 所示。请输入父域名为 long.com，输入新域名为 china（注意不是 china.long.com）。

图 2-32　提供凭据的"部署配置"界面

（5）单击"下一步"按钮，打开"域控制器选项"对话框，如图 2-33 所示，选中"域名系统（DNS）服务器"选项。

（6）单击"下一步"按钮，打开"DNS 选项"对话框，默认选中"创建 DNS 委派"复选框，如图 2-34 所示。

图 2-33　域控制器选项

图 2-34　DNS 选项

在域中划分多个区域的主要目的是简化 DNS 的管理任务，即委派一组权威名称服务器来管理每个区域。采用这样的分布式结构，当域名称空间不断扩展时，各个域的管理员可以有效地管理各自的子域。本例中，安装完成后，china 子域的管理员会被委派管理 china.long.com 子域。

（7）单击"下一步"按钮，设置 NetBIOS 名称，再单击"下一步"按钮。在接下来打开的对话框中依次单击"下一步"按钮，在"先决条件检查"对话框中如果顺利通过检查，就直接单击"安装"按钮，否则要按提示先排除问题。安装完成后会自动重新启动。

（8）重新启动计算机，升级为 Active Directory 域控制器之后，必须使用域用户账户登录，格式为"域名\用户账户"。选择"其他用户"可以更换登录用户。

4. 创建验证子域

（1）重新启动 DC2 计算机后，以管理员身份登录到子域中。打开"服务器管理器"窗口，选择"工具"→"Active Directory 用户和计算机"命令，打开"Active Directory 用户和计算机"窗口，可以看到 china.long.com 子域，如图 2-35 所示。

图 2-35　"Active Directory 用户和计算机"窗口

（2）在 DC2 上，依次选择"开始"→"Windows 管理工具"→DNS 命令，打开"DNS 管理器"窗口，依次展开各选项，可以看到区域 china.long.com，如图 2-36 所示。

思考：请打开 DC1 的 DNS 服务器的"DNS 管理器"窗口，观察 china 区域下面有何记录。图 2-37 所示是父域的域控制器中的 DNS 管理器。

在 VM 中再新建一台 Windows Server 2016 的虚拟机，计算机名为 MS2，IP 地址为 192.168.10.20，子网掩码为 255.255.255.0。DNS 服务器第 1 种情况设置为 192.168.10.1，第 2 种情况设置为 192.168.10.2。将 DNS 服务器分为两种情况分别加入 china.long.com，都能成功吗？能否设置为主、辅 DNS 服务器？做完后请认真思考。

5. 验证父子信任关系

通过前面的任务，我们构建了 long.com 及其子域 china.long.com，而子域和父域的双向、可传递的信任关系是在安装域控制器时就自动建立的，同时由于域林中的信任关系是可传递的，因此同一域林中的所有域都显式或者隐式地相互信任。

图 2-36　子域域控制器的 DNS 管理器

图 2-37　父域的域控制器中的 DNS 管理器

(1) 在 DC1 上以域管理员身份登录,依次选择"开始"→"Windows 管理工具"→"Active Directory 域和信任关系"命令,打开"Active Directory 域和信任关系"窗口,可以对域之间的信任关系进行管理,如图 2-38 所示。

图 2-38 "Active Directory 域和信任关系"窗口

(2) 在左侧窗格中右击 long.com 节点,在弹出的快捷菜单中选择"属性"命令,打开"long.com 属性"对话框,单击选中"信任"选项卡,如图 2-39 所示,可以看到 long.com 和其他域的信任关系。对话框的上部列出的是 long.com 所信任的域,表明 long.com 信任其子域 china.long.com;对话框下部列出的是信任 long.com 的域,表明其子域 china.long.com 信任其父域 long.com。也就是说,long.com 和 china.long.com 有双向信任关系。

(3) 在图 2-38 中右击 china.long.com 节点,在弹出的快捷菜单中选择"属性"命令,查看其信任关系,如图 2-40 所示。可以发现,该域只是显式地信任其父域 long.com,而和另一域树中的根域 smile.com 并无显式的信任关系(将在实训项目中通过实训来完成)。可以直接创建它们之间的信任关系,以减少信任的路径。

图 2-39 long.com 的信任关系

图 2-40 china.long.com 的信任关系

任务 2-6　管理域用户账户

1. 创建组织单位与域用户账户

可以将用户账户创建到任何一个容器或组织单位内。下面先建立名称为"网络部"的组织单位,然后在其内建立域用户账户 Rose、Jhon、Mike、Bob、Alice。

创建组织单位"网络部"的方法为:依次在"服务器管理器"窗口选择"工具"→"Active Directory 管理中心"命令(或 Active Directory 用户和计算机),打开"Active Directory 管理中心"窗口,右击"域名"选项,在弹出的快捷菜单中选择"新建"→"组织单位"命令,打开如图 2-41 所示的"创建 组织单位:网络部"对话框,输入组织单位名称"网络部",然后单击"确定"按钮。

 在图 2-41 中默认已经选中"防止意外删除"选项,因此无法将此组织单位删除,除非取消选中此选项。若是使用 Active Directory 用户和计算机控制台,则选择"查看"→"高级功能"命令,选中此组织单位并右击,在弹出的快捷菜单中选择"属性"命令,取消选中"对象"选项卡下的"防止对象被意外删除"选项即可,如图 2-42 所示。

图 2-41　在"Active Directory 管理中心"创建组织单位

在组织单位"网络部"内建立用户账户 Rose 的方法为:选中组织单位"网络部"并右击,在弹出的快捷菜单中选择"新建用户"命令,然后在打开的对话框中按要求操作即可,如图 2-43 所示。注意域用户的密码默认需要至少 7 个字符,且不可包含用户账户名称(指用户 SamAccountName)或全名,至少要包含 A~Z、a~z、0~9、非字母数字(如!、$、≠、%)4 组字符中的 3 组。例如,P@ssw0rd 是有效的密码,而 ABCDEF 是无效的密码。若要修改此

图 2-42 "对象"选项卡

图 2-43 创建用户：Jhon

默认值，请参考相关资料。以此类推，在该组织单位内创建 Jhon、Mike、Bob、Alice 4 个账户（如果 Mike 账户已经存在，请将其移动到"网络部"组织单位）。

2. 用户登录账户

域用户可以到域成员计算机上(域控制器除外)利用两种账户来登录域,它们分别是如图 2-44 所示的用户 UPN 登录与用户 SamAccountName 登录。一般的域用户默认是无法在域控制器上登录的(关于 Alice 用户属性的对话框是在"Active Directory 管理中心"控制台打开的)。

图 2-44　Alice 域账户属性

- 用户 UPN 登录的账户格式与电子邮件账户相同,例如,Alice@long.com 这个名称只能在隶属域的计算机上登录域时使用,如图 2-45 所示。在整个域林内,这个名称必须是唯一的。

> 请在 MS1 成员服务器上登录域,默认一般域用户不能在域控制器上本地登录,除非赋予其"允许本地登录"权限。

- UPN 并不会随着账户被移动到其他域而改变,例如,用户 Alice 的用户账户位于 long.com 域内,其默认的 UPN 为 Alice@long.com,之后即使此账户被移动到林中的另一个域内,如 smile.com 域,其 UPN 仍然是 Alice@long.com,并没有被改变,因此 Alice 仍然可以继续使用原来的 UPN 登录。
- 用户 SamAccountName 登录时的账户 long\Alice 是旧格式的登录账户。Windows 2000 之前版本的旧客户端需要使用这种格式的名称来登录域。在隶属域的

Windows 2000(含)之后的计算机上也可以采用这种名称来登录,如图 2-46 所示。在同一个域内,这个名称必须是唯一的。

图 2-45　用户 UPN 登录　　　　　图 2-46　用户 SamAccountName 登录

提示　　在"Active Directory 用户和计算机"管理控制台中,上述用户 UPN 登录与用户 SamAccountName 登录分别被称为"用户登录名"与"用户登录名(Windows 2000 以前版本)"。

3. 创建 UPN 的后缀

用户账户的 UPN 后缀默认是账户所在域的域名。例如,用户账户被建立在 long.com 域内,则其 UPN 后缀为 long.com。在下面这些情况下,用户可能希望能够改用其他替代后缀。

- 因 UPN 的格式与电子邮件账户相同,故用户可能希望其 UPN 可以与电子邮件账户相同,以便让其无论是登录域还是收发电子邮件,都可以使用一致的名称。
- 若域树状目录内有多层子域,则域名会太长,如 network.jinan.long.com,故 UPN 后缀也会太长,这将造成用户在登录时的不便。

可以通过新建 UPN 后缀的方式来让用户拥有替代后缀,步骤如下。

(1) 在"服务器管理器"窗口,选择"工具"→"Active Directory 域和信任关系"命令,打开"Active Directory 域的信任关系"窗口,如图 2-47 所示,单击上方的属性图标▣按钮。

(2) 在如图 2-48 所示的属性对话框中输入替代的 UPN 后缀后,单击"添加"按钮并单击"确定"按钮。后缀不一定是 DNS 格式,例如,可以是 smile.com,也可以是 smile。

(3) 完成后,就可以通过 Active Directory 管理中心(或 Active Directory 用户和计算机管理控制台)来修改用户的 UPN 后缀,此例修改为 smile,如图 2-49 所示。请在成员服务器 MS1 上以 Alice@smile 登录域,查看是否登录成功。

4. 域用户账户的一般管理

一般管理是指重设密码、禁用(启用)账户、移动账户、删除账户、更改登录名称与解除锁定等。可以单击选择想要管理的用户账户(如图 2-50 所示的 Alice 用户),然后通过右窗格中的选项来设置。

(1) 重置密码。当用户忘记密码或密码使用期限到期时,系统管理员可以为用户设置一个新的密码。

图 2-47　Active Directory 域和信任关系

图 2-48　添加 UPN 后缀

（2）禁用账户（或启用账户）。若某位员工因故在一段时间内无法来上班，就可以先将该员工的账户禁用，待该员工回来上班后，再将其重新启用。若用户账户已被禁用，则该用户账户图形上会有一个向下的箭头符号。

图 2-49　修改用户 UPN 登录

图 2-50　Active Directory 管理中心

（3）移动账户。可以将账户移动到同一个域内的其他组织单位或容器。

（4）重命名。重命名以后(可通过选中用户账户并右击,在弹出的快捷菜单中选择"属性"命令的方法),该用户原来所拥有的权限与组关系都不会受到影响。例如,当某员工离职时,可以暂时先将其用户账户禁用,等到新进员工来接替他的工作时,再将此账户名称改为新员工的名称,重新设置密码,更改登录账户名称,修改其他相关个人信息,然后重新启用此账户。

说明：①在每一个用户账户创建完成之后，系统都会为其建立一个唯一的 SID，而系统是利用这个 SID 来代表该用户的，同时权限设置等都是通过 SID 来记录的，并不是通过用户名称。例如，在某个文件的权限列表内，它会记录哪些 SID 具备哪些权限，而不是哪些用户名称拥有哪些权限。②由于用户账户名称或登录名称更改后，其 SID 并没有被改变，因此用户的权限与组关系都不变。③可以双击用户账户或单击右方的属性来更改用户账户名称与登录名称等相关设置。

- 删除账户。若这个账户以后再也用不到，就可以将此账户删除。将账户删除后，即使再新建一个相同名称的用户账户，此新账户也不会继承原账户的权限与组关系，因为系统会给予这个新账户一个新的 SID，而系统是利用 SID 来记录用户的权限与组关系的，不是利用账户名称，因此对于系统来说，这是两个不同的账户，当然就不会继承原账户的权限与组关系。
- 解除被锁定的账户。可以通过组策略管理器的账户策略来设置用户输入密码失败多少次后，就将此账户锁定，而系统管理员可以解除锁定，即双击该用户账户，单击图 2-51 中的"解锁账户"（只有账户被锁定后才会有此选项）按钮即可。

图 2-51　Bob 账户

提示　　设置账户策略的参考步骤如下：在组策略管理器中右击 Default Domain Policy GPO（或其他域级别的 GPO）选项，在弹出的快捷菜单中选择"编辑"命令，然后在打开的对话框中依次选择"计算机配置"→"策略"→"Windows 设置"→"安全设置"→"账户策略"→"账户锁定策略"命令。

5. 设置域用户账户的属性

每一个域用户账户内都有一些相关的属性信息,如地址、电话与电子邮件地址等,域用户可以通过这些属性来查找 AD DS 数据库内的用户。例如,通过电话号码来查找用户。因此,为了更容易地找到所需的用户账户,这些属性信息应该越完整越好。将通过 Active Directory 管理中心来介绍用户账户的部分属性,请先双击要设置的用户账户 Alice。

1)设置组织信息

组织信息就是指用户名称、职务、部门、地址、电话、电子邮件、网页等,如图 2-52 所示的"组织"节点,这部分的内容都很简单,请自行浏览这些字段。

图 2-52　组织信息

2)设置账户过期

如图 2-53 所示,在"账户"节点内的"账户过期"选项区中设置账户的有效期限,默认为"从不",要设置过期时间,请单击结束日期,然后输入格式为 yyyy/mm/dd 的过期日期即可。

3)设置登录时段

登录时段用来指定用户可以登录到域的时间段,默认是任何时间段都可以登录域。若要改变设置,请单击如图 2-54 所示的"登录小时"按钮,然后在"登录小时数"对话框中设置。"登录小时数"对话框中横轴的每一方块代表一小时,纵轴每一方块代表一天,填满方块与空白方块分别代表允许与不允许登录的时间段,默认开放所有时间段。选好时段后,选中"允许登录"或"拒绝登录"单选按钮来允许或拒绝用户在上述时间段登录。

4)限制用户只能够通过某些计算机登录

一般域用户默认可以利用任何一台域成员计算机(域控制器除外)来登录域,不过也可以限制用户只可以利用某些特定计算机来登录域,即单击如图 2-55 所示的"登录到"按钮,在打开的"登录到"对话框中选中"下列计算机"选项,输入计算机名称后单击"添加"按钮,计算机名称可为 NetBIOS 名称(如 MS1)或 DNS 名称(如 MS1.long.com)。这样配置后,只有在 MS1 计算机上才能使用 Alice 账户登录域 long.com。

图 2-53　账户过期

图 2-54　允许 Alice 在工作时间登录

任务 2-7　管理域组账户

1. 域组账户

如果能够使用组（group）来管理用户账户，就必定能够减轻许多网络管理负担。例如，针对网络部组设置权限后，此组内的所有用户都会自动拥有此权限，因此就不需要设置每一个用户。

图 2-55　限制 Alice 只能在 MS1 上登录

　注　意　　域组账户也都有唯一的安全标识符。whoami/usesr 命令用于显示当前用户的信息和安全标识符;whoami /groups 命令用于显示当前用户的组成员信息、账户类型、安全标识符和属性;whoami /? 命令用于显示该命令的常见用法。

1) 域内的组类型

AD DS 的域组分为下面两种类型,且它们之间可以相互转换。

(1) 安全组(security group)。它可以被用来分配权限与权利。例如,可以指定安全组对文件所具备读取的权限。它也可以用在与安全无关的工作上。例如,可以给安全组发送电子邮件。

(2) 通信组(distribution group)。它被用在与安全(权限与权利设置等)无关的工作上。例如,可以给通信组发送电子邮件,但是无法为通信组分配权限与权利。

2) 组的使用范围

从组的使用范围来看,域内的组分为本地域组(domain local group)、全局组(global group)、通用组(universal group)三种,见表 2-1。

表 2-1　组的使用范围

组	特　　性		
	本 地 域 组	全　局　组	通　用　组
可包含的成员	所有域内的用户、全局组、通用组;相同域内的本地域组	相同域内的用户与全局组	所有域内的用户、全局组、通用组
可以在哪一个域内被分配权限	同一个域	所有域	所有域
组转换	可以被转换成通用组(只要原组内的成员不包含本地域组即可)	可以被转换成通用组(只要原组不隶属任何一个全局组即可)	可以被换成本地域组;可以被转换成全局组(只要原组内的成员不含通用组即可)

（1）本地域组。本地域组主要被用来分配其所属域内的访问权限，以便可以访问该域内的资源。

- 其成员可以包含任何一个域内的用户、全局组、通用组，也可以包含相同域内的本地域组。但无法包含其他域内的本地域组。
- 本地域组只能够访问该域内的资源，无法访问其他不同域内的资源；换句话说，在设置权限时，只可以设置相同域内的本地域组的权限，无法设置其他不同域内的域本地组的权限。

（2）全局组。全局组主要用来组织用户，也就是可以将多个即将被赋予相同权限（权利）的用户账户，加入同一个全局组内。

- 全局群组内的成员，只可以包含相同域内的用户与全局组。
- 全局组可以访问任何一个域内的资源。也就是说，可以在任何一个域内设置全局组的权限（这个全局组可以位于任何一个域内），以便让此全局组具备权限来访问该域内的资源。

（3）通用组。

- 通用组可以在所有域内为通用组分配访问权限，以便访问所有域内的资源。
- 通用组具备万用领域的特性，其成员可以包含林中任何一个域内的用户、全局组、通用组。但是它无法包含任何一个域内的本地域组。
- 通用组可以访问任何一个域内的资源。也就是说，可以在任何一个域内设置通用组的权限（这个通用组可以位于任何一个域内），以便让此通用组具备权限来访问该域内的资源。

2. 建立与管理域组账户

1）组的新建、删除与重命名

要创建域组时，可在"服务器管理器"窗口，选择"工具"→"Active Directory 管理中心"命令，展开域名，选中容器或组织单位（如网络部），单击右侧任务窗格的"新建"→"组"选项，然后在如图 2-56 所示的对话框中输入组名、供旧版操作系统访问的组名，选择组类型与组范围等。若要删除组，则选中组账户并右击，在弹出的快捷菜单中选择"删除"命令即可。

2）添加组的成员

将用户、组等加入组内的方法为：在打开的如图 2-57 所示的对话框中单击选中"成员"选项卡，单击"添加"按钮，在打开的对话框中单击"高级"按钮，再单击"立即查找"按钮，选取要被加入的成员（按 Shift 键或 Ctrl 键可同时选择多个账户），单击"确定"按钮。现将 Alice、Bob、Jhon 加入东北组。

3）AD DS 内置的组

AD DS 有许多内置组，它们分别隶属本地域组、全局组、通用组与特殊组。

（1）内置的本地域组。这些本地域组本身已被赋予了一些权利与权限，以便让其具备管理 AD DS 域的能力。只要将用户或组账户加入这些组内，这些账户也会自动具备相同的权利与权限。下面是 Builtin 容器内常用的本地域组。

- Account Operators：其成员默认可在容器与组织单位内添加/删除/修改用户、组与计算机账户，不过部分内置的容器例外，如 Builtin 容器与 Domain Controllers 组织

图 2-56　创建组

图 2-57　添加组成员

单位,同时也不允许在部分内置的容器内添加计算机账户,如 Users。他们也无法更改大部分组的成员,如 Administrators 等。

- Administrators：其成员具备系统管理员权限。他们对所有域控制器拥有最大控制权,可以执行 AD DS 管理工作。内置系统管理员 Administrator 就是此组的成员,而且无法将其从此组内删除。此组默认的成员包括 Administrator、全局组 Domain Admins、通用组 Enterprise Admins 等。
- Backup Operators：其成员可以通过 Windows Server Backup 工具来备份与还原域控制器内的文件,不管他们是否有权限访问这些文件。其成员也可以对域控制器执行关机操作。

- Guests：其成员无法永久改变其桌面环境，当他们登录时，系统会为他们建立一个临时的用户配置文件；而注销时，此配置文件就会被删除。此组默认的成员为用户账户 Guest 与全局组 Domain Guests。
- Network Configuration Operators：其成员可在域控制器上执行常规网络配置工作，如变更 IP 地址等。但不可以安装、删除驱动程序与服务；也不可执行与网络服务器配置有关的工作，如 DNS 与 DHCP 服务器的设置。
- Performance Monitor Users：其成员可监视域控制器的运行情况。
- Pre-Windows 2000 Compatible Access：保留此组主要是为了与 Windows NT 4.0（或更旧的系统）兼容。其成员可以读取 AD DS 域内的所有用户与组账户。其默认的成员为特殊组 Authenticated Users。只有在用户的计算机是 Windows NT 4.0 或更早版本的系统时，才将用户加入此组内。
- Print Operators：其成员可以管理域控制器上的打印机，也可以将域控制器关闭。
- Remote Desktop Users：其成员可从远程计算机通过远程桌面来登录。
- Server Operators：其成员可以备份与还原域控制器内的文件、锁定与解锁域控制器、将域控制器上的硬盘格式化、更改域控制器的系统时间以及将域控制器关闭等。
- Users：其成员仅拥有一些基本权限，如执行应用程序，但是他们不能修改操作系统的设置，不能修改其他用户的数据，也不能将服务器关闭。此组默认的成员为全局组 Domain Users。

（2）内置的全局组。AD DS 内置的全局组本身并没有任何的权利与权限，但是可以将其加入具备权利或权限的域本地组，或另外直接分配权利或权限给此全局组。这些内置全局群组位于 Users 容器内。

下面列出了较常用的全局组。

- Domain Admins：域成员计算机会自动将此组加入其本地组 Administrators 内，因此 Domain Admins 组内的每一个成员，在域内的每一台计算机上都具备系统管理员权限。此组默认的成员为域用户 Administrator。
- Domain Computers：所有的域成员计算机（域控制器除外）都会被自动加入此组内。我们会发现 MS1 就是该组的一个成员。
- Domain Controllers：域内的所有域控制器都会被自动加入此组内。
- Domain Users：域成员计算机会自动将此组加入其本地组 Users 内，因此 Domain Users 内的用户将享有本地组 Users 拥有的权利与权限，如拥有允许本机登录的权利。此组默认的成员为域用户 Administrator，而以后新建的域用户账户都自动隶属此组。
- Domain Guests：域成员计算机会自动将此组加入本地组 Guests 内。此组默认的成员为域用户账户 Guest。

（3）内置的通用组。

- Enterprise Admins：此组只存在于林根域，其成员有权管理林内的所有域。此组默认的成员为林根域内的用户 Administrator。
- Schema Admins：此组只存在于林根域，其成员具备管理架构（schema）的权利。此组默认的成员为林根域内的用户 Administrator。

4）特殊组账户

除了前面介绍的组之外，还有一些特殊组，而用户无法更改这些特殊组的成员。下面列了几个经常使用的特殊组。

- Everyone：任何一位用户都属于这个组。若 Guest 账户被启用，则在分配权限给 Everyone 时需小心，因为若某位在计算机内没有账户的用户，通过网络来登录这台计算机，他就会被自动允许利用 Guest 账户来连接，此时因为 Guest 也隶属 Everyone 组，所以他将具备 Everyone 拥有的权限。
- Authenticated Users：任何利用有效用户账户来登录此计算机的用户，都隶属此组。
- Interactive：任何在本机登录(按 Ctrl＋Alt＋Del 组合键登录)的用户，都隶属此组。
- Network：任何通过网络来登录此计算机的用户，都隶属此组。
- Anonymous Logon：任何未利用有效的普通用户账户来登录的用户，都隶属此组。Anonymous Logon 默认并不隶属 Everyone 组。
- Dialup：任何利用拨号方式连接的用户，都隶属此组。

2.4 习题

1. 填空题

(1) 通过 Windows Server 2016 系统组建客户机/服务器模式的网络时，应该将网络配置为_____。

(2) 在 Windows Server 2016 系统中，活动目录存放在_____中。

(3) 在 Windows Server 2016 系统中安装_____后，计算机即成为一台域控制器。

(4) 同一个域中的域控制器的地位是_____。在域树中，子域和父域的信任关系是_____。独立服务器上安装了_____就升级为域控制器。

(5) Windows Server 2016 服务器的 3 种角色是_____、_____、_____。

(6) 活动目录的逻辑结构包括_____、_____、_____和_____。

(7) 物理结构的 3 个重要概念是_____、_____和_____。

(8) 无论 DNS 服务器服务是否与 AD DS 集成，都必须将其安装在部署的 AD DS 目录林根级域的第_____个域控制器上。

(9) Active Directory 数据库文件保存在_____。

(10) 解决在 DNS 服务器中未能正常注册 SRV 记录的问题，需要重新启动_____服务。

(11) 账户的类型分为_____、_____、_____。

(12) 根据服务器的工作模式，组分为_____、_____。

(13) 在工作组模式下，用户账户存储在_____中；在域模式下，用户账户存储在_____中。

(14) 在活动目录中，组按照能够授权的范围，分为_____、_____、_____。

(15) 你创建了一个名为 Helpdesk 的全局组，其中包含所有帮助账户。你希望帮助人员能在本地桌面计算机上执行任何操作，包括取得文件所有权，最好使用_____内置组。

2. 判断题

(1) 在 Windows Server 2016 计算机上安装了 AD 后,该计算机就成了域控制器。

（　　）

(2) 客户机在加入域时,需要正确设置首选 DNS 服务器地址,否则无法加入。（　　）

(3) 在一个域中至少有一个域控制器(服务器),也可以有多个域控制器。（　　）

(4) 管理员只能在服务器上对整个网络实施管理。（　　）

(5) 域中所有账户信息都存储于域控制器中。（　　）

(6) OU 是可以应用组策略和委派责任的最小单位。（　　）

(7) 一个 OU 只指定一个受委派管理员,不能为一个 OU 指定多个管理员。（　　）

(8) 同一域林中的所有域都显式或者隐式地相互信任。（　　）

(9) 一个域目录树不能称为域目录林。（　　）

3. 选择题

(1) 在设置域账户属性时,(　　)项目是不能被设置的。

　　A. 账户登录时间　　　　　　　　　　B. 账户的个人信息

　　C. 账户的权限　　　　　　　　　　　D. 指定账户登录域的计算机

(2) 下列账户名不是合法的是(　　)。

　　A. abc_234　　　　　B. Linux book　　　　C. doctor *　　　　　D. addeofHELP

(3) 下面用户不是内置本地域组成员的是(　　)。

　　A. Account Operator　　　　　　　　B. Administrator

　　C. Domain Admins　　　　　　　　　D. Backup Operators

(4) 公司聘用了 10 名新雇员,希望这些新雇员通过 VPN 连接接入公司总部。现在创建了新用户账户,并将总部中的共享资源的"允许读取"和"允许执行"权限授予新雇员。但是,新雇员无法访问总部的共享资源。现在需要确保用户能够建立可接入总部的 VPN 连接。应该怎么做?(　　)

　　A. 授予新雇员"允许完全控制"权限

　　B. 授予新雇员"允许访问拨号"权限

　　C. 将新雇员添加到 Remote Desktop Users 安全组

　　D. 将新雇员添加到 Windows Authorization Access 安全组

(5) 公司有一个 Active Directory 域。有个用户试图从客户端计算机登录到域,但是收到以下消息:"此用户账户已过期。请管理员重新激活该账户。"现在需要确保该用户能够登录到域,应该怎么做?(　　)

　　A. 修改该用户账户的属性,将该账户设置为永不过期

　　B. 修改该用户账户的属性,延长"登录时间"设置

　　C. 修改该用户账户的属性,将密码设置为永不过期

　　D. 修改默认域策略,缩短账户锁定持续时间

(6) 公司有一个 Active Directory 域,名为 intranet.contoso.com。所有域控制器都运行 Windows Server 2016。域功能级别和林功能级别都设置为 Windows 2000 纯模式。现在需要确保用户账户有 UPN 后缀 contoso.com,应该怎么做?(　　)

A. 将 contoso.com 林功能级别提升到 Windows Server 2008 或 Windows Server 2016

B. 将 contoso.com 域功能级别提升到 Windows Server 2008 或 Windows Server 2016

C. 将新的 UPN 后缀添加到林

D. 将 Default Domain Controllers 组策略对象(GPO)中的 Primary DNS Suffix 选项设置为 contoso.com

4. 简答题

(1) 什么时候需要安装多个域树?

(2) 简述什么是活动目录、域、活动目录树和活动目录林。

(3) 简述什么是信任关系。

(4) 为什么在域中常常需要 DNS 服务器?

(5) 活动目录中存放了什么信息?

(6) 简述通用组、全局组和本地域组的区别。

(7) 你负责管理你所属组的成员的账户以及对资源的访问权。组中的某个用户离开了公司,你希望在几天内将有人来代替该员工。对于前用户的账户,你应该如何处理?

(8) 你需要在 AD DS 中创建数百个计算机账户,以便为无人参与安装预先配置这些账户。创建如此大量的账户的最佳方法是什么?

(9) 用户报告说,他们无法登录到自己的计算机。错误消息表明计算机和域之间的信任关系中断。如何修正该问题?

(10) BranchOffice_Admins 组对 BranchOffice_OU 中的所有用户账户有完全控制权限。对于从 BranchOffice_OU 移入 HeadOffice_OU 的用户账户,BranchOffice_Admins 对该账户将有何权限?

2.5 实训项目 部署与管理 Active Directory 域服务环境

1. 实训目的

- 掌握规划和安装局域网中的活动目录。
- 掌握创建目录林根级域的方法与技巧。
- 掌握安装额外域控制器的方法和技巧。
- 掌握创建子域的方法和技巧。
- 掌握创建双向可传递的林信任的方法和技巧。
- 掌握备份与恢复活动目录的方法与技巧。
- 掌握将服务器 3 种角色相互转换的方法和技巧。

2. 项目环境

随着公司的发展壮大,已有的工作组式的网络已经不能满足公司的业务需要。经过多方论证,确定了公司的服务器的拓扑结构,如图 2-58 所示。服务器操作系统选择 Windows Server 2016。

图 2-58　实训项目网络拓扑图

3. 项目要求

根据如图 2-58 所示的公司域环境示意图，构建满足公司需要的域环境。具体要求如下。

（1）创建域 long.com，域控制器的计算机名称为 WIN2016-1。

（2）检查安装后的域控制器。

（3）安装域 long.com 的额外域控制器，域控制器的计算机名称为 WIN2016-2。

（4）创建子域 china.long.com，其域控制器的计算机名称为 WIN2016-3，成员服务器的计算机名称为 WIN2016-4。

（5）创建域 smile.com，域控制器的计算机名称为 Server1。

（6）创建 long.com 和 smile.com 双向可传递的林信任关系。

（7）备份 smile.com 域中的活动目录，并利用备份进行恢复。

（8）建立组织单位 sales，在其下建立用户 testdomain，并委派对 OU 的管理。

项目 3
管理文件系统与共享资源

项目背景

网络中最重要的是安全问题,安全中最重要的是权限问题。在网络中,网络管理员首先面对的是权限管理,日常解决的问题是权限问题,最终出现漏洞还是由于权限设置不当造成。权限决定着用户可以访问的数据、资源,也决定着用户享受的服务,更甚者,权限决定着用户拥有什么样的桌面。理解 NTFS和它的特点,对于高效地在 Windows Server 2016 中实现权限管理来说是非常重要的。

项目目标

- 掌握设置共享资源和访问共享资源的方法。
- 掌握卷影副本的使用方法。
- 掌握使用 NTFS 控制资源访问的方法。
- 掌握使用文件系统加密文件的方法。
- 掌握压缩文件的方法。

文件系统与
共享

3.1 相关知识

文件和文件夹是计算机系统组织数据的集合单位。Windows Server 2016 提供了强大的文件管理功能,其 NTFS 文件系统具有高安全性能,用户可以十分方便地在计算机或网络上处理、使用、组织、共享和保护文件及文件夹。

文件系统是指文件命名、存储和组织的总体结构,运行 Windows Server 2016 的计算机的磁盘分区可以使用 3 种类型的文件系统: FAT16、FAT32 和 NTFS。

3.1.1 FAT 文件系统

文件分配表(file allocation table,FAT)包括 FAT16 和 FAT32 两种。FAT 是一种适合小卷集、对系统安全性要求不高、需要双重引导的用户应选择使用的文件系统。

在推出 FAT32 文件系统之前,通常 PC 使用的文件系统是 FAT16,如 MS-DOS、Windows 95 等系统。FAT16 支持的最大分区是 2^{16}(即 65536)个簇,每簇 64 个扇区,每扇区 512 字节,所以最大支持分区为 2.147GB。FAT16 最大的缺点就是簇的大小是和分区有关的,这样当外存中存放较多小文件时,会浪费大量的空间。FAT32 是 FAT16 的派生文件系统,支持大到 2TB 的磁盘分区。它使用的簇比 FAT16 小,从而有效地节约了磁盘空间。

FAT 文件系统是一种最初用于小型磁盘和简单文件夹结构的简单文件系统。它向后兼容,最大的优点是适用于所有的 Windows 操作系统。另外,FAT 文件系统在容量较小的卷上使用比较好,因为 FAT 启动只使用非常少的开销。FAT 在容量低于 512MB 的卷上工作最好,当卷容量超过 1.024GB 时,效率就显得很低。对于 400～500MB 大小的卷,FAT 文件系统相对于 NTFS 文件系统来说是个比较好的选择;不过对于使用 Windows Server 2016 的用户来说,FAT 文件系统则不能满足系统的要求。

3.1.2   NTFS 文件系统

NTFS(new technology file system)是 Windows Server 2016 推荐使用的高性能文件系统。它支持许多新的文件安全、存储和容错功能,而这些功能也正是 FAT 文件系统所缺少的。

NTFS 是从 Windows NT 开始使用的文件系统,它是一个特别为网络和磁盘配额、文件加密等管理安全特性设计的磁盘格式。NTFS 文件系统包括文件服务器和高端个人计算机所需的安全特性,它还支持对于关键数据以及十分重要的数据的访问控制和私有权限管理。除了可以赋予计算机中的共享文件夹特定权限外,NTFS 文件和文件夹无论共享与否都可以赋予权限,NTFS 是唯一允许为单个文件指定权限的文件系统。但是,当用户从 NTFS 卷移动或复制文件到 FAT 卷时,NTFS 文件系统权限和其他特有属性将会丢失。

NTFS 文件系统设计简单但功能强大。从本质上讲,卷中的一切都是文件,文件中的一切都是属性。从数据属性到安全属性再到文件名属性,NTFS 卷中的每个扇区都分配给了某个文件,甚至文件系统的超数据(描述文件系统自身的信息)也是文件的一部分。

如果安装 Windows Server 2016 系统时采用了 FAT 文件系统,用户也可以,在系统安装完毕使用命令 convert.exe 把 FAT 分区转化为 NTFS 分区,命令如下所示。

```
Convert D:/FS:NTFS
```

上面的命令是将 D 盘转换成 NTFS 格式。无论是在运行安装程序中还是在运行安装程序之后,相对于重新格式化磁盘来说,这种转换不会使用户的文件受到损害。但由于 Windows 95/98 系统不支持 NTFS 文件系统,所以在配置双重启动系统时,即在同一台计算机上同时安装 Windows Server 2016 和其他操作系统(如 Windows 98),则可能无法从计算机上的另一个操作系统访问 NTFS 分区上的文件。

3.2   项目设计及准备

本项目所有实例都部署在如图 3-1 所示的环境下。DC1、DC2 和 MS1 是 3 台虚拟机。在 DC1 与 MS1 上可以测试资源共享情况,而资源访问权限的控制、加密文件系统与压缩、分布式文件系统等在 MS1 上实施并测试。

图 3-1　管理文件系统与共享资源网络拓扑图

为了不受外部环境影响,3台虚拟机的网络连接方式设置为"仅主机模式"。

3.3　项目实施

如图 3-1 所示,配置好 DC1 和 MS1 的所有参数。保证 DC1 和 MS1 之间通信畅通。建议将 Hyper-V 中虚拟网络的模式设置为"专用"。

任务 3-1　设置资源共享

为安全起见,默认状态下,服务器中所有的文件夹都不被共享。而创建文件服务器时,又只创建一个共享文件夹。因此,若要授予用户某种资源的访问权限,必须先将该文件夹设置为共享,然后赋予授权用户相应的访问权限。创建不同的用户组,并将拥有相同访问权限的用户加入同一用户组,会使用户权限的分配变得简单而快捷。

1. 在"计算机管理"对话框中设置共享资源

(1) 在 DC1 上打开"服务器管理器"窗口,选择"工具"→"计算机管理"命令,展开左窗格中的"共享文件夹"选项,如图 3-2 所示。该"共享文件夹"中提供了有关本地计算机上的所有共享、会话和打开文件的相关信息,可以查看本地和远程计算机的连接和资源使用

图 3-2　"计算机管理"窗口中的共享文件夹

概况。

 　　共享名称后带有"＄"符号的是隐藏共享。对于隐藏共享,网络上的用户无法通过网上邻居直接浏览到。

（2）在左窗格中右击"共享"图标按钮,在弹出的快捷菜单中选择"新建共享"命令,即可打开"创建共享文件夹向导"对话框。注意权限的设置,如图 3-3 所示。其他操作过程不再详述。

图 3-3　"共享文件夹的权限"对话框

 　　请读者将 DC1 的文件夹"C:\share1"设置为共享,并赋予管理员完全访问权限,其他用户只读权限。提前在 DC1 上创建 student1 用户。

2. 特殊共享

前面提到的共享资源中有一些是系统自动创建的,如 C＄、IPC＄等。这些系统自动创建的共享资源就是这里所指的"特殊共享",它们是在 Windows Server 2016 系统中用于本地管理和系统使用的。一般情况下,用户不应该删除或修改这些特殊共享。

由于被管理计算机的配置情况不同,共享资源中所列出的这些特殊共享也会有所不同。下面列出了一些常见的特殊共享。

- driveletter＄:为存储设备的根目录创建的一种共享资源。显示形式为 C＄、D＄等。例如,D＄是一个共享名,管理员通过它可以从网络上访问驱动器。值得注意的是,只有 Administrators 组、Power Users 组和 Server Operators 组的成员才能连接这些共享资源。

- ADMIN＄：在远程管理计算机的过程中系统使用的资源。该资源的路径通常指向 Windows Server 2016 系统目录的路径。同样，只有 Administrators 组、Power Users 组和 Server Operators 组的成员才能连接这些共享资源。
- IPC＄：共享命名管道的资源，它对程序之间的通信非常重要。在远程管理计算机及查看计算机的共享资源时使用。
- PRINT＄：在远程管理打印机的过程中使用的资源。

任务 3-2　访问网络共享资源

访问网络共享资源

企业网络中的客户端计算机，可以根据需要采用不同的方式访问网络共享资源。

1. 利用网络发现

> 必须确保 DC1、DC2 和 MS1 开启了网络发现功能，并且运行了 Function Discovery Resource Publication、UPnP Device Host 和 SSDP Discovery 三个服务。注意按顺序启动三个服务，并且都改为自动启动。

分别以 student1 和 administrator 的身份访问 DC1 中所设的共享文件夹 share1，步骤如下。

（1）在 MS1 上，单击左下角的资源管理器图标█按钮，打开"资源管理器"窗口。单击窗口左下角的"网络"图标按钮，打开 MS1 的"网络"窗口，如图 3-4 所示。如果此计算机当前的网络位置是公用网络，且没有开启"网络发现"，则会出现提示，选择是否要在所有的公用网络启用网络发现和文件共享。如果选择否，该计算机的网络位置会被更改为专用，也会启用网络发现和文件共享。

>
> 若看不到网络上其他 Windows 计算机，请检查这些计算机是否已启用网络发现，并检查其 Function Discovery Resource Publication、UPnP Device Host 和 SSDP Discovery 三个服务是否启用。

图 3-4　"网络"窗口

（2）双击 DC1 计算机图标按钮，弹出"Windows 安全"对话框。输入 student1 用户及密码,连接到 DC1,如图 3-5 所示(用户 student1 是 DC1 下的域用户)。

(3) 单击"确定"按钮,打开 DC1 中的共享文件夹,如图 3-6 所示。

图 3-5　"Windows 安全性"对话框　　　　　　　图 3-6　DC1 的共享文件夹

(4) 双击 share1 共享文件夹,尝试打开该文件夹并新建文件,失败并提示错误信息,如图 3-7 所示。

图 3-7　创建文件失败

(5) 注销 MS1,重新执行(1)~(4)操作。注意本次输入 DC1 的 administrator 用户及密码,连接到 DC1。验证任务 1 设置的共享的权限情况。

2. 使用 UNC

通用命名标准(universal naming conversion,UNC)是用于命名文件和其他资源的一种约定,以两个反斜杠"\"开头,指明该资源位于网络计算机上。UNC 路径的格式为:

```
\\Servername\sharename
```

其中,Servername 是服务器的名称,也可以用 IP 地址代替,而 sharename 是共享资源的名称。目录或文件的 UNC 名称也可以把目录路径包括在共享名称之后,其语法格式如下:

```
\\Servername\sharename\directory\filename
```

在 DC2 的命令提示符窗口输入命令"\\192.168.10.1\share1"或"\\DC1\share1",并分别以不同用户连接到 DC1 上来测试共享情况。

使用卷影
副本

任务 3-3　使用卷影副本

用户可以通过"共享文件夹的卷影副本"功能,让系统自动在指定的时间将所有共享文件夹内的文件复制到另外一个存储区内备用。当用户通过网络访问共享文件夹内的文件,将文件删除或者修改文件的内容后,想要挽救回该文件或者还原文件的原来内容时,可以通过"卷影副本"存储区内的旧文件来达到目的,因为系统之前已经将共享文件夹内的所有文件都复制到"卷影副本"存储区内。

1. 启用"共享文件夹的卷影副本"功能

在 DC1 上,在共享文件夹 share1 下建立 test1 和 test2 两个文件夹,并在该共享文件夹所在的计算机 DC1 上启用"共享文件夹的卷影副本"功能,步骤如下。

(1) 打开"服务器管理器"窗口并选择"工具"→"计算机管理"命令,打开"计算机管理"窗口。

(2) 右击"共享文件夹"选项,在弹出的快捷菜单中选择"所有任务"→"配置卷影副本"命令,如图 3-8 所示。

图 3-8　"配置卷影副本"选项

(3) 在打开的对话框的"卷影副本"选项卡下选中要启用"卷影复制"的驱动器(如 C 驱动器),单击"启用"按钮,如图 3-9 所示。接着单击"是"按钮。此时,系统会自动为该磁盘创建第 1 个"卷影副本"。也就是将该磁盘内所有共享文件夹内的文件都复制到"卷影副本"存储区内,而且系统默认以后会在星期一至星期五的上午 7:00 与中午 12:00 两个时间点,分别自动添加一个"卷影副本"。也就是在这两个时间到达时会将所有共享文件夹内的文件复制到"卷影副本"存储区内备用。

提示

用户还可以在资源管理器窗口双击"此电脑"图标按钮,然后右击任意一个磁盘分区,在弹出的快捷菜单中选择"属性"→"卷影副本"命令,同样能启用"共享文件夹的卷影复制"功能。

图 3-9　启用卷影副本

（4）如图 3-9 所示，C 磁盘已经有 2 个"卷影副本"，用户还可以随时单击图中的"立即创建"按钮，自行创建新的"卷影副本"。用户在还原文件时，可以选择在不同时间点所创建的"卷影副本"内的旧文件来还原文件。

注意　"卷影副本"内的文件只可以读取，不可以修改，而且每个磁盘最多只可以有 64 个"卷影副本"。如果达到此限制，则最旧版本的"卷影副本"会被删除。

（5）系统会以共享文件夹所在磁盘的磁盘空间决定"卷影副本"存储区的容量大小，默认配置该磁盘空间的 10% 作为"卷影副本"的存储区，而且该存储区最小需要 100MB。如果要更改其容量，单击如图 3-9 所示的"设置"按钮，打开如图 3-10 所示的"设置"对话框。然后在"最大值"处更改设置，还可以单击"计划"按钮来更改自动创建"卷影副本"的时间点。用户还可以通过图中的"位于此卷"来更改存储"卷影副本"的磁盘，不过必须在启用"卷影副本"功能前更改，启用后就无法更改了。

2. 客户端访问"卷影副本"内的文件

下面将 DC1 上的 share1 下面的 test1 删除，再用此前的卷影副本进行还原，测试是否恢复了 test1 文件夹。

（1）在 MS1 上使用\\DC1 命令，以 DC1 计算机的 administrator 身份连接到 DC1 上的共享文件夹。双击 share1 文件夹，删除 share1 下面的 test1 文件夹。

（2）向上回退到 DC1 根下，右击 share1 文件夹，弹出"share1（\\DC1）属性"对话框，单击选中"以前的版本"选项卡，如图 3-11 所示。

图 3-10 "设置"对话框　　　　　图 3-11 "share1 属性"对话框

（3）选中 share1 文件夹的"2020/2/20/19：29"版本，通过单击"打开"按钮，可查看该时间点内的文件夹内容；通过单击"还原"按钮，可以将文件夹还原到该时间点的状态。在此单击"还原"按钮，还原误删除的 test1 文件夹。

（4）打开 share1 文件夹，检查 test1 文件夹是否被恢复。

　　如果要还原被删除的文件，可在连接到共享文件夹后，右击文件列表对话框中空白的区域，在弹出的快捷菜单中选择"属性"命令，在打开的对话框中单击选中"以前的版本"选项卡，选择旧版本的文件夹。单击"打开"按钮，然后复制需要还原的文件。

任务 3-4　认识 NTFS 权限

利用 NTFS 权限，可以控制用户账户和组对文件夹及个别文件的访问。

NTFS 权限只适用于 NTFS 磁盘分区。NTFS 权限不能用于由 FAT 或者 FAT32 文件系统格式化的磁盘分区。

Windows 2016 只为用 NTFS 进行格式化的磁盘分区提供 NTFS 权限。为了保护

NTFS 磁盘分区上的文件和文件夹,要为需要访问该资源的每一个用户账户授予 NTFS 权限。用户必须获得明确的授权才能访问资源。用户账户如果没有被组授予权限,它就不能访问相应的文件或者文件夹。不管用户是访问文件还是访问文件夹,也不管这些文件或文件夹是在计算机上还是在网络上,NTFS 的安全性功能都有效。

对于 NTFS 磁盘分区上的每一个文件和文件夹,NTFS 都存储一个远程 ACL。ACL 中包含那些被授权访问该文件或者文件夹的所有用户账户、组和计算机,还包含它们被授予的访问类型。为了让一个用户访问某个文件或者文件夹,针对用户账户、组或者该用户所属的计算机,ACL 中必须包含一个相对应的元素,这样的元素叫作访问控制项(access control entry,ACE)。为了让用户能够访问文件或者文件夹,访问控制元素必须具有用户所请求的访问类型。如果 ACL 中没有相应的 ACE 存在,Windows Server 2016 就拒绝该用户访问相应的资源。

1. NTFS 权限的类型

认识 NTFS
权限 共享+
NTFS

可以利用 NTFS 权限指定哪些用户、组和计算机能够访问文件和文件夹。NTFS 权限也指明哪些用户、组和计算机能够操作文件中或者文件夹中的内容。

1) NTFS 文件夹权限

可以通过授予文件夹权限,控制对文件夹和包含在这些文件夹中的文件和子文件夹的访问。表 3-1 列出了可以授予的标准 NTFS 文件夹权限和各个权限提供的访问类型。

表 3-1　标准 NTFS 文件夹权限列表

NTFS 文件夹权限	允许访问类型
读取(read)	查看文件夹中的文件和子文件夹,查看文件夹属性、拥有人和权限
写入(write)	在文件夹内创建新的文件和子文件夹,修改文件夹属性,查看文件夹的拥有人和权限
列出文件夹内容(list folder contents)	查看文件夹中的文件和子文件夹的名称
读取和运行(read & execute)	遍历文件夹,执行允许"读取"权限和"列出文件夹内容"权限的动作
修改(modify)	删除文件夹,执行"写入"权限和"读取和运行"权限的动作
完全控制(full control)	改变权限,成为拥有人,删除子文件夹和文件,以及执行允许所有其他 NTFS 文件夹权限进行的动作

注意

　　　　"只读""隐藏""归档"和"系统文件"等都是文件夹属性,不是 NTFS 权限。

2) NTFS 文件权限

可以通过授予文件权限,控制对文件的访问。表 3-2 列出了可以授予的标准 NTFS 文件权限和各个权限提供给用户的访问类型。

表 3-2　标准 NTFS 文件权限列表

NTFS 文件权限	允许访问类型
读取	读文件,查看文件属性、拥有人和权限
写入	覆盖写入文件,修改文件属性,查看文件拥有人和权限
读取和运行	运行应用程序,执行由"读取"权限进行的动作
修改	修改和删除文件,执行由"写入"权限和"读取和运行"权限进行的动作
完全控制	改变权限,成为拥有人,执行允许所有其他 NTFS 文件权限进行的动作

无论有什么权限保护文件,被准许对文件夹进行"完全控制"的组或用户都可以删除该文件夹内的任何文件。尽管"列出文件夹内容"和"读取和运行"看起来有相同的特殊权限,但这些权限在继承时却有所不同。"列出文件夹内容"可以被文件夹继承而不能被文件继承,并且它只在查看文件夹权限时才会显示。"读取和运行"可以被文件和文件夹继承,并且在查看文件和文件夹权限时始终出现。

2. 多重 NTFS 权限

如果将针对某个文件或者文件夹的权限授予个别用户账户,同时又授予某个组,而该用户是该组的一个成员,那么该用户就对同样的资源有了多个权限。关于 NTFS 如何组合多个权限,存在一些规则和优先权。除此之外,在复制或者移动文件和文件夹时,对权限也会产生影响。

1)权限是累积的

一个用户对某个资源的有效权限是授予这一用户账户的 NTFS 权限与授予该用户所属组的 NTFS 权限的组合。例如,如果用户 Long 对文件夹 Folder 有"读取"权限,该用户 Long 是某个组 Sales 的成员,而该组 Sales 对该文件夹 Folder 有"写入"权限,那么该用户 Long 对该文件夹 Folder 就有"读取"和"写入"两种权限。

2)文件权限超越文件夹权限

NTFS 的文件权限超越 NTFS 的文件夹权限。例如,某个用户对某个文件有"修改"权限,那么即使他对于包含该文件的文件夹只有"读取"权限,他仍然能够修改该文件。

3)拒绝权限超越其他权限

认识 NTFS
权限文件优
于文件夹

可以拒绝某用户账户或者组对特定文件或者文件夹的访问,为此,将"拒绝"权限授予该用户账户或者组即可。这样,即使某个用户作为某个组的成员具有访问该文件或文件夹的权限,但是因为将"拒绝"权限授予该用户,所以该用户具有的任何其他权限也被阻止了。因此,对于权限的累积规则来说,"拒绝"权限是一个例外。应该避免使用"拒绝"权限,因为允许用户和组进行某种访问比明确拒绝他们进行某种访问更容易做到。应该巧妙地构造组和组织文件夹中的资源,使用各种各样的"允许"权限就足以满足需要,从而可避免使用"拒绝"权限。

例如,用户 Long 同时属于 Sales 组和 Manager 组,文件 File1 和 File2 是文件夹 Folder

下面的两个文件。其中，Long 拥有对 Folder 的读取权限，Sales 拥有对 Folder 的读取和写入权限，Manager 则被禁止对 File2 的写操作。那么 Long 的最终权限是什么？

由于使用了"拒绝"权限，用户 Long 拥有对 Folder 和 File1 的读取和写入权限，但对 File2 只有读取权限。

> 在 Windows Server 2016 中，用户不具有某种访问权限和明确地拒绝用户的访问权限，这二者之间是有区别的。"拒绝"权限是通过在 ACL 中添加一个针对特定文件或者文件夹的拒绝元素而实现的。这就意味着管理员还有另一种拒绝访问的手段，而不仅仅是不允许某个用户访问文件或文件夹。

3. 共享文件夹权限与 NTFS 文件系统权限的组合

如何快速有效地控制对 NTFS 磁盘分区上网络资源的访问呢？方法就是利用默认的共享文件夹权限共享文件夹，然后通过授予 NTFS 权限控制对这些文件夹的访问。当共享的文件夹位于 NTFS 格式的磁盘分区上时，该共享文件夹的权限与 NTFS 权限进行组合，用以保护文件资源。

要为共享文件夹设置 NTFS 权限，可在 DC1 上的共享文件夹的属性对话框中单击选中"共享权限"选项卡，即可进行相关权限的设置，如图 3-12 所示。

图 3-12　"share1 属性"对话框

共享文件夹权限具有以下几个方面特点。

- 共享文件夹权限只适用于文件夹，而不适用于单独的文件，并且只能为整个共享文件夹设置共享权限，而不能对共享文件夹中的文件或子文件夹进行设置。所以，共享文件夹不如 NTFS 文件系统权限详细。

- 共享文件夹权限并不对直接登录到计算机上的用户起作用,只适用于通过网络连接该文件夹的用户,即共享权限对直接登录到服务器上的用户是无效的。
- 在 FAT/FAT32 系统卷上,共享文件夹权限是保证网络资源被安全访问的唯一方法。原因很简单,就是 NTFS 权限不适用于 FAT/FAT32 卷。
- 默认的共享文件夹权限是读取,并被指定给 Everyone 组。

共享权限分为读取、修改和完全控制。不同权限以及对用户访问能力的控制见表 3-3。

表 3-3　共享文件夹权限列表

权　　限	允许用户完成的操作
读取	显示文件夹名称、文件名称、文件数据和属性,运行应用程序文件,改变共享文件夹内的文件夹
修改	创建文件夹,向文件夹中添加文件,修改文件中的数据,向文件中追加数据,修改文件属性,删除文件夹和文件,执行"读取"权限所允许的操作
完全控制	修改文件权限,获得文件的所有权执行"修改"和"读取"权限所允许的所有任务,默认情况下,Everyone 组具有该权限

当管理员对 NTFS 权限和共享文件夹的权限进行组合时,结果是组合的 NTFS 权限,或者是组合的共享文件夹权限,哪个范围更小就取哪个。

当在 NTFS 卷上为共享文件夹授予权限时,应遵循以下几个规则。

- 可以对共享文件夹中的文件和子文件夹应用 NTFS 权限。可以对共享文件夹中包含的每个文件和子文件夹应用不同的 NTFS 权限。
- 除共享文件夹权限外,用户必须有该共享文件夹包含的文件和子文件夹的 NTFS 权限,才能访问那些文件和子文件夹。
- 在 NTFS 卷上必须要求 NTFS 权限。默认 Everyone 组具有"完全控制"权限。

认识 NTFS
权限继承、
累加、拒绝
优先

任务 3-5　继承与阻止 NTFS 权限

1. 使用权限的继承性

默认情况下,授予父文件夹的任何权限也将应用于包含在该文件夹中的子文件夹和文件。当授予访问某个文件夹的 NTFS 权限时,就将授予该文件夹的 NTFS 权限授予了该文件夹中任何现有的文件和子文件夹,以及在该文件夹中创建的任何新文件和新的子文件夹。

如果想让文件夹或者文件具有不同于它们父文件夹的权限,必须阻止权限的继承性。

2. 阻止权限的继承性

阻止权限的继承,也就是阻止子文件夹和文件从父文件夹继承权限。为了阻止权限的继承,要删除继承来的权限,只保留被明确授予的权限。

被阻止从父文件夹继承权限的子文件夹现在就成为新的父文件夹。包含在这一新的父文件夹中的子文件夹和文件将继承授予它们父文件夹的权限。

以 test2 文件夹为例,若要禁止权限继承,打开该文件夹的"属性"对话框,单击选中"安全"选项卡,依次单击"高级"→"权限"按钮,打开如图 3-13 所示的"test2 的高级安全设置"对话框。另外,可以选中某个要阻止继承的权限,单击"禁用继承"按钮,在弹出的"阻止继承"

菜单中选择"将已继承的权限转换为此对象的显示权限"或"从此对象中删除所有已继承的权限"命令。

图 3-13 test2 的高级安全设置

任务 3-6 复制和移动文件及文件夹

复制和移动
文件及文件夹

1. 复制文件和文件夹

当从一个文件夹向另一个文件夹复制文件或文件夹时,或者从一个磁盘分区向另一个磁盘分区复制文件或文件夹时,这些文件或文件夹具有的权限可能发生变化。

当在单个 NTFS 磁盘分区内或在不同的 NTFS 磁盘分区之间复制文件夹或文件时,文件夹或文件的复件将继承目的地文件夹的权限。

当将文件或文件夹复制到非 NTFS 磁盘分区(如文件分配表 FAT 格式的磁盘分区)时,因为非 NTFS 磁盘分区不支持 NTFS 权限,所以这些文件夹或文件就丢失了它们的 NTFS 权限。

> 为了在单个 NTFS 磁盘分区之内或者在 NTFS 磁盘分区之间复制文件和文件夹,必须具有对源文件夹的"读取"权限,并且具有对目的地文件夹的"写入"权限。

2. 移动文件和文件夹

当移动某个文件或文件夹的位置时,针对这些文件或文件夹的权限可能发生变化,这主要依赖于目的地文件夹的权限情况。

当在单个 NTFS 磁盘分区内移动文件夹或文件时,该文件夹或文件保留它原来的权限。

当在 NTFS 磁盘分区之间移动文件夹或文件时,该文件夹或文件将继承目的地文件夹的权限。当在 NTFS 磁盘分区之间移动文件夹或文件时,实际上是将文件夹或文件复制到新的位置,然后从原来的位置将其删除。

当将文件或文件夹移动到非 NTFS 磁盘分区时,因为非 NTFS 磁盘分区不支持 NTFS 权限,所以这些文件夹和文件就丢失了它们的 NTFS 权限。

> **注意** 为了在单个 NTFS 磁盘分区之内或者多个 NTFS 磁盘分区之间移动文件和文件夹,必须对目的地文件夹具有"写入"权限,并且对于源文件夹具有"修改"权限。之所以要求"修改"权限,是因为移动文件或者文件夹时,在将文件或者文件夹复制到目的地文件夹之后,系统会从源文件夹中删除该文件。

复制和移动文件及文件夹的规则如图 3-14 所示。

图 3-14　复制和移动文件及文件夹的规则

利用NTFS权限管理数据

任务 3-7　利用 NTFS 权限管理数据

在 NTFS 磁盘中,系统会自动设置默认的权限值,并且这些权限会被其子文件夹和文件所继承。为了控制用户对某个文件夹以及该文件夹中的文件和子文件夹的访问,就需指定文件夹权限。不过,要设置文件或文件夹的权限,必须是 Administrators 组的成员、文件或者文件夹的拥有者、具有完全控制权限的用户。

需预先在 DC1 上建立 C:\network 文件夹和本地域用户 sales。

1. 授予标准 NTFS 权限

授予标准 NTFS 权限包括授予 NTFS 文件夹权限和 NTFS 文件权限。

1) NTFS 文件夹权限

(1) 打开 DC1 的 Windows 资源管理器窗口,右击要设置权限的文件夹,如 Network,在弹出的快捷菜单中选择"属性"命令,打开"network 属性"对话框,单击选中"安全"选项卡,如图 3-15 所示。

(2) 默认已经有一些权限设置,这些设置是从父文件夹(或磁盘)继承来的。例如,在 Administrator 用户的权限中,对勾选中的权限就是继承的权限。

（3）如果要给其他用户指派权限，可单击"编辑"按钮，打开如图 3-16 所示的"network 的权限"对话框。

图 3-15　"network 属性"对话框

图 3-16　"network 的权限"对话框

（4）在打开的对话框中依次单击"添加"→"高级"→"立即查找"按钮，从本地计算机上添加拥有对该文件夹访问和控制权限的用户或用户组，如 sales，如图 3-17 所示。

图 3-17　"选择用户、计算机、服务账户或组"对话框

（5）单击选中 sales 后单击"确定"按钮，拥有对该文件夹访问和控制权限的用户或用户组就被添加到"组或用户名"列表框中。注意，如果新添加的用户的权限不是从父项继承的，那么他们所有的权限都可以被修改。

（6）如果不想继承上一层的权限，可参照"任务 3-5　继承与阻止 NTFS 权限"的内容进行修改。这里不再赘述。

2）NTFS 文件权限

文件权限的设置与文件夹权限的设置类似。要想对 NTFS 文件指派权限，直接在文件上右击，在弹出的快捷菜单中选择"属性"命令，在打开的属性对话框中单击选中"安全"选项卡，即可为该文件设置相应权限。

2. 授予特殊访问权限

标准的 NTFS 权限通常能提供足够的能力，用于控制对用户的资源的访问，以保护用户的资源。但是，如果需要更为特殊的访问级别，就可以使用 NTFS 的特殊访问权限。

（1）在文件或文件夹属性对话框中的"安全"选项卡中（如 network），单击"高级"按钮，并在打开的"network 的高级安全设置"对话框中单击选中"权限"选项卡，在打开的对话框中选中 sales 选项，如图 3-18 所示。

图 3-18　"network 的高级安全设置"对话框

（2）单击"编辑"按钮，打开如图 3-19 所示的"network 的权限项目"对话框，可以更精确地设置 sales 用户的权限。其中"显示基本权限"和"显示高级权限"在单击后交替出现。

特殊访问权限有 14 项，把它们组合在一起就构成了标准的 NTFS 权限。例如，标准的"读取"权限包含"列出文件夹/读取数据""读取属性""读取权限"及"读取扩展属性"等特殊访问权限。

图 3-19　"network 的权限项目"对话框

其中有 2 个特殊访问权限对于管理文件和文件夹的访问来说特别有用。

1）更改权限

如果为某用户授予这一权限,该用户就具有了针对文件或者文件夹修改权限的能力。

可以将针对某个文件或者文件夹修改权限的能力授予其他管理员和用户,但是不授予他们对该文件或者文件夹的"完全控制"权限。通过这种方式,这些管理员或用户就不能删除或者写入该文件或文件夹,但是可以为该文件或者文件夹授权。

为了将修改权限的能力授予管理员,将针对该文件或文件夹的"更改权限"的权限授予Administrators 组即可。

2）取得所有权

如果为某用户授予这一权限,该用户就具有了取得文件和文件夹的所有权的能力。

可以将文件和文件夹的拥有权从一个用户账户或者组转移到另一个用户账户或者组,也可以将"所有者"权限给予某个人。而作为管理员,也可以取得某个文件或者文件夹的所有权。

对于取得某个文件或者文件夹的所有权来说,需要应用下述规则。

- 当前的拥有者或者具有"完全控制"权限的任何用户,可以将"完全控制"这一标准权限或者"取得所有权"这一特殊访问权限授予另一个用户账户或者组,这样该用户账户或者该组的成员就能取得所有权。

- Administrators 组的成员可以取得某个文件或者文件夹的所有权,而不管为该文件夹或者文件授予了怎样的权限。如果某个管理员取得了所有权,则 Administrators 组也取得了所有权,因而该管理员组的任何成员都可以修改针对该文件或者文件夹的权限,并且可以将"取得所有权"这一权限授予另一个用户账户或者组。例如,如果某个雇员离开了原来的公司,某个管理员即可取得该雇员的文件的所有权,将"取得所有权"这一权限授予另一个雇员,然后这一雇员就取得了前一雇员的文件的所有权。

为了成为某个文件或者文件夹的拥有者,具有"取得所有权"这一权限的某个用户或者组的成员必须明确地获得该文件或者文件夹的所有权。不能自动将某个文件或者文件夹的所有权授予任何一个人。文件的拥有者、管理员组的成员,或者任何一个具有"完全控制"权限的人都可以将"取得所有权"权限授予某个用户账户或者组,这样就使他们获得了所有权。

压缩文件

任务 3-8 压缩文件

将文件压缩后可以减少它们占用磁盘的空间。系统支持 NTFS 压缩与压缩(zipped)文件夹两种不同的压缩方法,其中 NTFS 压缩仅 NTFS 磁盘支持。其后的任务都在 MS1 计算机上实现。

1. NTFS 压缩

(1) 对 NTFS 磁盘内的文件压缩的方法为:右击该文件,在弹出的快捷菜单中选择"属性"命令,并在打开的对话框中单击"常规"选项卡中的"高级"按钮,在打开的对话框中选中"压缩内容以便节省磁盘空间"选项,如图 3-20 所示。

图 3-20 压缩文件

（2）若要压缩文件夹，右击该文件夹，在弹出的快捷菜单中选择"属性"命令，并在打开的对话框中单击"常规"选项卡中的"高级"按钮，在打开的对话框中选中"压缩内容以便节省磁盘空间"选项，单击"确定"按钮，如图3-21所示。

图3-21 压缩文件夹

- 仅将更改应用于此文件夹：以后在此文件夹内添加的文件、子文件夹与子文件夹内的文件都会被自动压缩，但不会影响到此文件夹内现有的文件与文件夹。
- 将更改应用于此文件夹、子文件夹和文件：不仅以后在此文件夹内新建的文件、子文件夹与子文件夹内的文件都会被自动压缩，同时也会将已经存在于此文件夹内的现有文件、子文件夹与子文件夹内的文件一并压缩。

（3）也可以针对整个磁盘进行压缩，方法是：首先右击磁盘（如C盘），在弹出的快捷菜单中选择"属性"命令，在打开的对话框中的"常规"选项卡中选中"压缩此驱动器以节约磁盘空间"选项，然后单击"确定"按钮即可。

（4）当用户或应用程序要读取压缩文件时，系统会将文件由磁盘内读出并自动将解压缩后的内容提供给用户或应用程序，然而存储在磁盘内的文件仍然是处于压缩状态；而要将数据写入文件时，它们也会被自动压缩后再写入磁盘内的文件。

　　可以将压缩或加密的文件以不同的颜色来显示，方法为：右击"开始"菜单按钮，在弹出的快捷菜单中选择"文件资源管理器"命令，打开"文件资源管理器"窗口，依次单击"查看"→"选项"按钮，在打开的"文件夹选项"对话框中单击选中"查看"选项卡，如图3-22所示，然后选中"用彩色显示加密或压缩的NTFS文件"选项。

图 3-22 "文件夹选项"对话框

2. 文件复制或剪切时压缩属性的变化

当 NTFS 磁盘内的文件被复制或搬移到另一个文件夹后，其压缩属性的变化如图 3-23 所示。

图 3-23 对文件复制或剪切时压缩属性的变化

3. 压缩(zipped)文件夹

无论是 FAT、FAT32、exFAT、NTFS 或 ReFS 磁盘内都可以建立压缩(zipped)文件夹，在利用文件资源管理器建立压缩(zipped)文件夹后，被复制到此文件夹内的文件都会被自动压缩。

可以在不需要自行解压缩的情况下，直接读取压缩(zipped)文件夹内的文件，甚至可以直接执行其中的程序。压缩(zipped)文件夹的文件夹名的扩展名为.zip，它可以被 WinZip、WinRAR 等文件压缩工具程序解压缩。

(1) 打开"文件资源管理器"窗口，双击 network 文件夹，在打开的 network 窗口右侧的空白处右击，在弹出的快捷菜单中选择"新建"→"压缩(zipped)文件夹"命令来新建压缩(zipped)文件夹，如图 3-24 所示。

图 3-24　新建压缩(zipped)文件夹

(2) 也可以通过选择需要压缩的文件，选中这些文件后右击，在弹出的快捷菜单中选择"发送到"→"压缩(zipped)文件夹"命令，建立一个保存这些文件的压缩(zipped)文件夹，如图 3-25 所示。

(3) 压缩(zipped)文件夹的扩展名为.zip，不过系统默认会隐藏扩展名。如果要显示扩展名，首先右击"开始"菜单按钮，在弹出的快捷菜单中选择"文件资源管理器"命令，在打开的"文件资源管理"窗口选择"查看"命令，在"显示/隐藏"选项区选中"文件扩展名"选项。

如果计算机内安装有 WinZip 或 WinRAR 等软件，则在文件资源管理器中双击压缩文件夹时，系统会通过这些软件来打开压缩(zipped)文件夹。

图 3-25　将多个文件发送到压缩(zipped)文件夹

任务 3-9　加密文件系统

加密文件系统(encrypting file system，EFS)提供文件加密的功能。文件经过加密后，只有当初将其加密的用户或被授权的用户能够读取，因此可以增加文件的安全性。只有 NTFS 磁盘内的文件、文件夹才可以被加密。如果将文件复制或剪切到非 NTFS 磁盘内，则此新文件会被解密。

文件压缩与加密无法并存。要加密已压缩的文件，则该文件会自动被解压缩；要压缩已加密的文件，则该文件会自动被解密。

加密文件系统(一)

1. 对文件与文件夹加密

(1) 对文件加密：右击该文件，在弹出的快捷菜单中选择"属性"命令，并在打开的对话框中单击"高级"按钮，在弹出的"高级属性"对话框中选中"加密内容以便保护数据"选项，单击"确定"按钮，再单击"应用"按钮，在弹出的"加密警告"对话框中选中"加密文件及其父文件夹(推荐)"选项，或选中"只加密文件"选项。如果选择加密文件及其父文件夹，则以后在此文件夹内新添加的文件都会自动被加密，如图 3-26 所示。

图 3-26　文件加密

（2）对文件夹加密：在选中的文件夹上右击，在弹出的快捷菜单中选择"属性"命令并在打开的对话框中单击"高级"按钮，在弹出的对话框中选中"加密内容以便保护数据"选项，单击"确定"按钮，再单击"应用"按钮，弹出如图 3-27 所示的对话框，选中"将更改应用于此文件夹、子文件夹和文件"选项。

图 3-27　确认属性更改

- 仅将更改应用于此文件夹：以后在此文件夹内添加的文件、子文件夹与子文件夹内的文件都会被自动加密，但不会影响此文件夹内现有的文件与文件夹。
- 将更改应用于此文件夹、子文件夹和文件：不但以后在此文件夹内新增加的文件、子文件夹与子文件夹内的文件都会被自动加密，同时会将已经存在于此文件夹内的现有文件、子文件夹与子文件夹内的文件都一并加密。

当用户或应用程序需要读取加密文件时，系统会将文件由磁盘内读出、自动将解密后的内容提供给用户或应用程序，然而存储在磁盘内的文件仍然是处于加密状态；而要将数据写入文件时，它们也会被自动加密后再写入磁盘内的文件。

如果将一个未加密文件剪切或复制到加密文件夹，该文件会被自动加密。当将一个加密文件剪切或复制到非加密文件夹时，该文件仍然会保持其加密的状态。

利用 EFS 加密的文件，只有存储在硬盘内才会被加密，在通过网络传输的过程中是没有加密的。如果希望通过网络传输时仍然保持加密的安全状态，可以通过 IPSec 或 WebDev 等方式来加密。

2. 授权其他用户可以读取加密的文件

被加密的文件只有文件的所有者可以读取，但是可以授权给其他用户读取。被授权的用户必须具备 EFS 证书，而普通用户在第 1 次执行加密操作后，就会自动被赋予 EFS 证书，也就可以被授权了。

加密文件系统（二）

以下示例假设要授权给域用户 Alice。但要想授权给域用户 Alice，必须保证 Alice 在 MS1 计算机上有个人用户证书存在，最简单的方法就是用 Alice 对某个文件夹加密，从而生成 Alice 的个人用户证书。授权给 Alice 的完整步骤如下。

（1）以本地管理员身份登录 MS1 计算机，在 network 文件夹下新建 test-ad 和 test 两个文件，单独对文件 test-ad 加密，选择"只加密文件"选项，避免对其父文件夹加密。

（2）注销 MS1，以域用户 Alice 登录 MS1，在 network 下新建文件夹 test-al，单独对该文件夹加密。加密后的文件和文件夹以彩色显示，如图 3-28 所示。

图 3-28　被不同用户加密后的文件和文件夹

（3）分别访问 test 和 test-ad 两个文件，由于 test 文件没有加密，所以能正常访问，但 test-ad 文件由于被 administrator 用户加密而拒绝访问。

（4）注销 MS1，以本地管理员身份登录 MS1 计算机，将 test-ad 文件的解密授权给用户 Alice。方法为：右击 test-ad 文件，在弹出的快捷菜单中选择"属性"命令，在打开的对话框中单击"高级"按钮。接下来依次单击"详细信息"→"添加"→"查找用户"按钮，选择用户 Alice 选项，单击"确定"按钮，如图 3-29 所示。

图 3-29　添加 Alice 个人证书

（5）注销 MS1，以域用户 Alice 身份登录 MS1 计算机，访问 test-ad 文件，能正常访问。

（6）具备恢复证书的用户也可以访问被加密的文件。默认只有域 Administrator 拥有恢复证书（由图 3-29 所示的中间图下方的恢复证书处可看出），不过可以通过组策略或本地策略将恢复证书分配给其他用户。以本地策略为例，其设置方法为：在"服务器管理器"窗口中选择"工具"→"本地安全策略"→"公钥策略"命令,展开"公钥策略"子树,右击"加密文件系统"项,在弹出的快捷菜单中选择"添加数据恢复代理程序"命令。

3. 备份 EFS 证书

为了避免 EFS 证书丢失或损毁,造成文件无法读取的后果,因此建议利用证书管理控制台来备份 EFS 证书,其步骤如下。

(1)在"开始"菜单的"运行"对话框中执行 certmgr.msc 命令,展开"个人"→"证书"节点,右击"预期目的"为"加密文件系统"的证书,在弹出的快捷菜单中选择"所有任务"→"导出"命令,在打开的对话框中单击"下一步"按钮。接下来选中"是,导出私钥"选项,单击"下一步"按钮,选择默认的.pfk 格式;选择"组或用户名"选项,也可以设置密码(以后只有该用户有权导入,否则需要输入此处的密码),如图 3-30 所示。建议将此证书文件备份到另外一个安全的地方。如果有多个 EFS 证书,请全部导出存档。

图 3-30 当前用户个人证书

(2)如果 Alice 用户的 EFS 证书丢失或损毁,造成文件无法读取,可以将备份的 EFS 证书导入。在图 3-30 中,右击左侧的"证书"节点,在弹出的快捷菜单中选择"所有任务"→"导入"命令,根据向导完成证书导入。

3.4 习题

1. 填空题

(1)可供设置的标准 NTFS 文件权限有_____、_____、_____、_____、_____、_____。

(2)Windows Server 2016 系统通过在 NTFS 文件系统下设置_____,限制不同用户对文件的访问级别。

(3)相对于以前的 FAT、FAT32 文件系统来说,NTFS 文件系统的优点包括可以对文件设置_____、_____、_____、_____。

(4)创建共享文件夹的用户必须属于_____、_____、_____等用户组的成员。

(5)在网络中可共享的资源有_____和_____。

(6) 要设置隐藏共享,需要在共享名的后面加_____符号。

(7) 共享权限分为_____、_____和_____ 3 种。

2. 判断题

(1) 在 NTFS 文件系统下,可以对文件设置权限;而在 FAT 和 FAT32 文件系统中只能对文件夹设置共享权限,不能对文件设置权限。 (   )

(2) 通常在管理系统中的文件时,要由管理员给不同用户设置访问权限,普通用户不能设置或更改权限。 (   )

(3) NTFS 文件压缩必须在 NTFS 文件系统下进行,离开 NTFS 文件系统时,文件将不再压缩。 (   )

(4) 磁盘配额的设置不能限制管理员账户。 (   )

(5) 将已加密的文件复制到其他计算机后,以管理员账户登录就可以打开了。 (   )

(6) 文件加密后,除加密者本人和管理员账户外,其他用户无法打开此文件。 (   )

(7) 对于加密的文件不可执行压缩操作。 (   )

3. 简答题

(1) 简述 FAT、FAT32 和 NTFS 文件系统的区别。

(2) 重新安装 Windows Server 2016 后,原来加密的文件为什么无法打开?

(3) 特殊权限与标准权限的区别是什么?

(4) 如果一位用户拥有某文件夹的 Write 权限,而且是对该文件夹拥有 Read 权限的组成员,那么该用户对该文件夹的最终权限是什么?

(5) 如果某员工离开公司,怎样将他或她的文件所有权转给其他员工?

(6) 如果一位用户拥有某文件夹的 Write 权限和 Read 权限,但被拒绝对该文件夹内某文件有 Write 权限,该用户对该文件的最终权限是什么?

3.5 实训项目 管理文件系统与共享资源实训

1. 实训目的
- 掌握设置共享资源和访问共享资源的方法。
- 掌握卷影副本的使用方法。
- 掌握使用 NTFS 控制资源访问的方法。
- 掌握使用文件系统加密文件的方法。
- 掌握压缩文件的方法。

2. 项目环境
本项目的网络拓扑图如图 3-31 所示。

3. 项目要求
完成以下各项任务。
(1) 在 DC1 上设置共享资源\test。
(2) 在 MS1 上使用多种方式访问网络共享资源。
(3) 在 DC1 上设置卷影副本,在 MS1 上使用卷影副本恢复误删除的内容。

角色：第1台域控制器、DNS服务器
主机名：DC1
IP地址：192.168.10.1/24
DNS：192.168.10.1

角色：第2台域控制器（额外域控）
主机名：DC2
IP地址：192.168.10.2/24
DNS：192.168.10.1

long.com

角色：成员服务器
主机名：MS1
IP地址：192.168.10.10/24
DNS：192.168.10.1

图 3-31　使用 NTFS 控制资源访问网络拓扑图

（4）观察共享权限与 NTFS 文件系统权限组合后的最终权限。

（5）设置 NTFS 权限的继承性。

（6）观察复制和移动文件夹后 NTFS 权限的变化情况。

（7）利用 NTFS 权限管理数据。

（8）加密特定文件或文件夹。

（9）压缩特定文件或文件夹。

项目 4
配置与管理基本磁盘和动态磁盘

项目背景

  Windows Server 2016 的存储管理无论是技术上还是功能上,都比以前的 Windows 版本有了很多改进和提高,磁盘管理提供了更好的管理界面和性能。
  学好基本磁盘和动态磁盘的配置与管理,学好为用户分配磁盘配额,是对一个网络管理员最基础的要求。

项目目标

- 掌握磁盘的基本知识。
- 掌握基本磁盘管理的方法。
- 掌握动态磁盘管理的方法。
- 掌握磁盘配额管理的方法。
- 掌握常用的磁盘管理命令。

4.1 相关知识

  在数据能够被存储到磁盘之前,该磁盘必须被分割成一个或数个磁盘分区(partition),如图 4-1 所示,一个磁盘(一块硬盘)被分割为 3 个磁盘分区。

  在磁盘内有一个被称为磁盘分区表(partition table)的区域,用来存储磁盘分区的相关数据,例如,每一个磁盘分区的起始地址、结束地址、是否为活动(active)的磁盘分区等信息。

认识基本
磁盘

4.1.1 MBR 磁盘与 GPT 磁盘

  磁盘按分区表的格式可以分为主引导记录(master boot record,MBR)磁盘与 GPT 磁盘两种磁盘格式(style)。

  (1) MBR 磁盘:使用的是旧的传统磁盘分区表格式,其磁盘分区表存储在 MBR 内,如图 4-2 左半部分所示。MBR 位于磁盘最前端,计算机启动时,使用传统 BIOS(基本输入输出系统,是固化在计算机主板上一个 ROM 芯片上的程序)的计算机,其 BIOS 会先读取 MBR,并将控制权交给 MBR 内的程序代码,然后由此程序代码来继续后续的启动工作。MBR 磁盘所支持的硬盘最大容量为 2.2TB。

图4-1　磁盘被分割
为 3 个分区

（2）GPT 磁盘：一种新的磁盘分区表格式,其磁盘分区表存储在全局唯一标识分区表（GUID partition table，GPT）内,如图 4-2 右半部分所示。它位于磁盘的前端,而且它有主分区表与备份分区表,可提供容错功能。使用新式 UEFI BIOS 的计算机,其 BIOS 会先读取 GPT,并将控制权交给 GPT 内的程序代码,然后由此程序代码来继续后续的启动工作。GPT 磁盘所支持的硬盘可以超过 2.2TB。

图 4-2　MBR 磁盘与 GPT 磁盘

可以利用图形接口的磁盘管理工具或 Diskpart 命令将空的 MBR 磁盘转换成 GPT 磁盘或将空的 GPT 磁盘转换成 MBR 磁盘。

①为了兼容起见,GPT 磁盘内提供了 Protective MBR 分区,让仅支持 MBR 的程序仍然可以正常运行。②可以在 BIOS 设置工具里设置采用何种启动模式,如图 4-3 所示。

图 4-3　开机设置启动模式

4.1.2 认识基本磁盘

Windows 系统又将磁盘分为基本磁盘与动态磁盘两种类型。

（1）基本磁盘：旧式的传统磁盘系统，新安装的硬盘默认是基本磁盘。

（2）动态磁盘：它支持多种特殊的磁盘分区，其中，有的可以提高系统访问效率，有的可以提供容错功能，有的可以扩大磁盘的使用空间。

1. 主要与扩展磁盘分区

基本磁盘是旧式的传统磁盘系统，新安装的硬盘默认是基本磁盘。在数据能够被存储到基本磁盘之前，该磁盘必须被分割成一个或多个磁盘分区，而磁盘分区分为以下两种。

（1）主分区：可以用来启动操作系统。计算机启动时，MBR 或 GPT 内的程序代码会到活动的主分区内读取与执行启动程序代码，然后将控制权交给此启动程序代码来启动相关的操作系统。

（2）扩展磁盘分区：只能用来存储文件，无法用来启动操作系统，也就是说，MBR 或 GPT 内的程序代码不会到扩展磁盘分区内读取与执行启动程序代码。

一个 MBR 磁盘内最多可建立 4 个主分区，或最多 3 个主分区加上 1 个扩展磁盘分区（图 4-4 左半部分）。每一个主分区都可以被赋予一个驱动器号，如 C、D 等。扩展磁盘分区内可以建立多个逻辑驱动器。基本磁盘内的每一个主分区或逻辑驱动器又被称为基本卷（basic volume）。

图 4-4 基本磁盘的分区

卷是由一个或多个磁盘分区所组成的，我们在后面介绍动态磁盘时会介绍包含多个磁盘分区的卷。

Windows 系统的一个 GPT 磁盘内最多可以建立 128 个主分区（图 4-4 右半部分），而每一个主分区都可以被赋予一个驱动器号（最多只有 A～Z 共 26 个驱动器号可用）。由于可有 128 个主分区，因此 GPT 磁盘不需要扩展磁盘分区。大于 2.2 TB 的磁盘分区需使用 GPT 磁盘。较旧版的 Windows 系统（如 Windows 2000、32 位 Windows XP 等）无法识别 GPT 磁盘。

2. 活动卷与系统卷

Windows 系统又将磁盘区分为启动分区(boot volume)与系统分区(system volume)两种。

(1) 启动分区：它是用来存储 Windows 操作系统文件的磁盘分区。操作系统文件通常是存放在 Windows 文件夹内，此文件夹所在的磁盘分区就是启动分区，如图 4-4 中 MBR 磁盘所示，其左半部与右半部的"C:"磁盘驱动器都是存储系统文件(Windows 文件夹)的磁盘分区，所以它们都是启动分区。启动分区可以是主分区或扩展磁盘分区内的逻辑驱动器。

(2) 系统分区：如果将系统启动的程序分为两个阶段来看，系统分区就是用于存储第 1 阶段所需要的启动文件(如 Windows 启动管理器 bootmgr)。系统利用其中存储的启动信息，就可以到启动分区的 Windows 文件夹内读取启动 Windows 系统所需的其他文件，然后进入第 2 阶段的启动程序。如果计算机内安装了多套 Windows 操作系统，系统分区内的程序也会负责显示操作系统列表来供用户选择。

图 4-5 左半部分所示的系统保留分区与右半部分所示的"C:"分区都是系统分区，其中右半部因为只有一个磁盘分区，启动文件与 Windows 文件夹都存储在此处，所以它既是系统分区，也是启动分区。

图 4-5 系统分区与启动分区

在安装 Windows Server 2016 时，安装程序就会自动建立扮演系统分区角色的系统保留分区，且无驱动器号(参考图 4-5 左上半部分)，包含 Windows 修复环境(Windows recovery environment，Windows RE)。可以自行删除此默认分区，如图 4-5 右半部分所示只有 1 个磁盘分区。

使用 UEFI BIOS 的计算机可以选择 UEFI 模式或传统模式(以下将其称为 BIOS 模式)方式来启动 Windows Server 2016。若是 UEFI 模式，则启动磁盘需为 GPT 磁盘，且此磁盘最少需要 3 个 GPT 磁盘分区(见图 4-6)。

- EFI 系统分区(EFI system partition，ESP)：其文件系统为 FAT32，可用来存储 BIOS/OEM 厂商所需要的文件、启动操作系统所需要的文件(UEFI 的前版被称为 EFI)、Windows 修复环境(Windows RE)等。
- 微软保留分区(Microsoft reserved partition，MSR)：保留供操作系统使用的区域。若磁盘的容量少于 16GB，此区域占用约 32MB；若磁盘的容量大于或等于 16GB，则此区域占用约 128MB。

- Windows 磁盘分区：其文件系统为 NTFS,用来存储 Windows 操作系统文件的磁盘分区。操作系统文件通常放在 Windows 文件夹内。

在 UEFI 模式之下,如果是将 Windows Server 2016 安装到一个空硬盘,则除了以上 3 个磁盘分区外,安装程序还会自动多建立一个恢复分区。如图 4-7 所示,它将 Windows RE 与 EFI 系统分区分成两个磁盘分区,存储 Windows RE 的恢复分区的容量约 300MB,此时的 EFI 系统分区容量约 100MB。

图 4-6　UEFI 模式启动下的 GPT 磁盘　　图 4-7　UEFI 模式下安装 Windows Server 2016 的 GPT 磁盘分区情况

若是数据磁盘,则至少需要一个 MSR 与一个用来存储数据的磁盘分区。UEFI 模式的系统虽然也可以使用 MBR 磁盘,但 MBR 磁盘只能够当作数据磁盘,无法作为启动磁盘。

①在安装 Windows Server 2016 前,可能需要先进入 BIOS 内指定以 UEFI 模式工作,例如,将通过 DVD 来启动计算机的方式改为 UEFI,否则可能会以传统 BIOS 模式工作,而不是 UEFI 模式。②在 UEFI 模式下安装 Windows Server 2016 完成后,系统会自动修改 BIOS 设置,并将其改为优先通过 Windows Boot Manager 来启动计算机。

如果硬盘内已经有操作系统,且此硬盘是 MBR 磁盘,则必须先删除其中的所有磁盘分区,然后将其转换为 GPT 磁盘,其方法为：在安装过程中通过选择"修复计算机"选项进入"命令提示符"工作模式,然后执行 diskpart 程序,接着依序执行 select disk 0、clean、convert gpt 命令即可。

在文件资源管理器中看不到系统保留分区、恢复分区、EFI 系统分区与 MSR 等磁盘分区。在 Windows 系统内置的磁盘管理工具"磁盘管理"内看不到 MBR、GPT、Protective MBR 等特殊信息,虽然可以看到系统保留分区(MBR 磁盘)、恢复分区与 EFI 系统分区等磁盘分区,但还是看不到 MSR。如图 4-8 所示的磁盘为 GPT 磁盘,从中可以看到恢复分区与 EFI 系统分区(当然还有 Windows 磁盘分区),但看不到 MSR。

我们可以通过 diskpart.exe 程序来查看 MSR：打开命令提示符(右击"开始"菜单)或 Windows PowerShell(在"服务器管理器"的"工具"菜单中),执行 diskpart 程序,如图 4-9 所

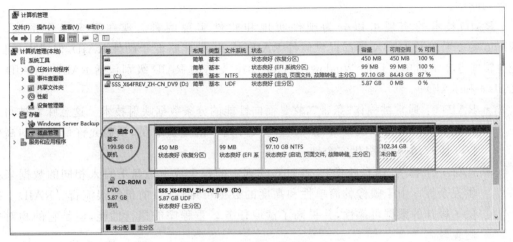

图 4-8　GPT 磁盘的"磁盘管理"工具

示,依序执行 select disk 0、list partition 命令,可以看到 4 个磁盘分区。

图 4-9　使用 diskpart 程序查看磁盘分区

4.1.3　认识动态磁盘

认识动态
磁盘

动态磁盘使用卷(volume)来组织空间,使用方法与基本磁盘分区相似。动态磁盘卷可建立在不连续的磁盘空间上,且空间大小可以动态地变更。动态卷的创建数量也不受限制。在动态磁盘中可以建立多种类型的卷,以提供高性能的磁盘存储能力。

1. RAID 技术简介

如何增加磁盘的存取速度,如何防止数据因磁盘故障而丢失,如何有效地利用磁盘空间,这些问题一直困扰着计算机专业人员和用户。RAID 技术的产生一举解决了这些问题。

RAID 技术通过把多个磁盘组成一个阵列,当作单一磁盘使用。它将数据以分段(striping)的方式储存在不同的磁盘中,存取数据时,阵列中的相关磁盘一起动作,从而大幅减少了数据的存取时间,同时有更佳的空间利用率。依据磁盘阵列所利用的不同的技术,将RAID 分为不同的级别。不同的级别针对不同的系统及应用,以解决数据访问性能和数据安全的问题。

RAID 技术的实现可以分为硬件实现和软件实现两种。现在很多操作系统，如 Windows NT 以及 UNIX 等都提供软件 RAID 技术，性能略低于硬件 RAID，但成本较低，配置管理也非常简单。目前 Windows Server 2016 支持的 RAID 级别包括 RAID 0、RAID 1、RAID 4 和 RAID 5。

- RAID 0：通常被称作"条带"，它是面向性能的分条数据映射技术。这意味着被写入阵列的数据被分割成条带，然后被写入阵列中的磁盘成员，从而允许低费用的高效 I/O 性能，但是不提供冗余性。
- RAID 1：称为"磁盘映像"。通过在阵列中的每个成员磁盘上写入相同的数据来提供冗余性。由于映像的简单性和高度的数据可用性，目前仍然很流行。RAID 1 提供了极佳的数据可靠性，并提高了读取任务繁重程序的执行性能，但是它的相对费用也较高。
- RAID 4：使用集中到单个磁盘驱动器上的奇偶校验来保护数据，更适合事务性的 I/O 而不是大型文件传输。专用的奇偶校验磁盘同时带来了固有的性能瓶颈。
- RAID 5：是目前使用最普遍的 RAID 类型。通过在某些或全部阵列成员磁盘驱动器中分布奇偶校验，RAID 5 避免了 RAID 4 中固有的写入瓶颈。唯一的性能瓶颈是奇偶计算进程。与 RAID 4 一样，其结果是非对称性能，读取大幅超过写入性能。

2. 动态磁盘卷类型

动态磁盘提供了更好的磁盘访问性能以及容错等功能，可以将基本磁盘转换为动态磁盘，而不损坏原有的数据。动态磁盘若要转换为基本磁盘，则必须先删除原有的卷。

在转换磁盘之前需要关闭这些磁盘上运行的程序。如果转换启动盘，或者要转化的磁盘中的卷或分区正在使用，则必须重新启动计算机才能成功转换。转换过程如下。

（1）关闭所有正在运行的应用程序，打开"计算机管理"窗口中的"磁盘管理"窗口，在右窗格的底端，右击要升级的基本磁盘，在弹出的快捷菜单中选择"转换到动态磁盘"命令。

（2）在打开的对话框中，可以选择多个磁盘一起升级。选好之后，单击"确定"按钮，然后单击"转换"按钮即可。

Windows Server 2016 中支持的动态卷包括以下几类。

- 简单卷（simple volume）：与基本磁盘的分区类似，只是其空间可以扩展到非连续的空间上。
- 跨区卷（spanned volume）：可以将多个磁盘（至少 2 个，最多 32 个）上的未分配空间合成一个逻辑卷。使用时先写满一部分空间，再写入下一部分空间。
- 带区卷（striped volume）：又称条带卷 RAID 0，将 2～32 个磁盘空间上容量相同的空间组合成一个卷，写入时将数据分成 64 KB 大小相同的数据块，同时写入卷的每个磁盘成员的空间上。带区卷提供最好的磁盘访问性能，但是带区卷不能被扩展或映像，并且没有容错功能。
- 映像卷（mirrored volume）：又称 RAID 1 技术，是将两个磁盘上相同尺寸的空间建立为映像，有容错功能，但空间利用率只有 50%，实现成本相对较高。
- 带奇偶校验的带区卷：采用 RAID 5 技术，每个独立磁盘进行条带化分割、条带区奇偶校验,校验数据平均分布在每块硬盘上。容错性能好,应用广泛,需要 3 个以上磁盘。其平均实现成本低于映像卷。

4.2 项目设计及准备

1. 项目设计

本项目所有实例都部署在如图 4-10 所示的环境下。DC1、MS1 和 MS2 是 3 台虚拟机。应注意,为了不受外部环境影响,3 台虚拟机的网络连接方式设置为"仅主机模式"。本项目只用到 MS1 和 MS2,其他虚拟机可以临时关闭或挂起。

图 4-10 磁盘管理网络拓扑图

2. 项目准备

1) 在 VM 中安装独立服务器 MS2(使用 BIOS 启动模式)

新建虚拟机后,必须先对虚拟机进行设置才能正常安装。

(1) 设置虚拟机时,将"选项"选项卡中的固件类型改为 BIOS,如图 4-11 所示。

(2) 添加一块磁盘"磁盘 1"(127GB)。

(3) 设置虚拟机的其他选项。

(4) 重新安装计算机,命名为 MS2,IP 地址为 192.168.10.20/24,DNS 为 192.168.10.1。

2) 在 MS1 上添加 4 块 SCSI 磁盘

关闭 MS1,在 MS1 上添加 4 块 SCSI 磁盘,每块磁盘容量为 127GB,步骤如下。

(1) 打开 VMware Workstation 窗口,右击 MS1 虚拟机,在弹出的快捷菜单中选择"设置"命令,打开如图 4-12 所示的设置对话框。单击"添加"按钮,打开"添加硬件向导"对话框如图 4-13 所示,选择硬件类型为"硬盘"。

(2) 单击"下一步"按钮,在打开的选择磁盘类型对话框中选择 SCSI 硬盘,如图 4-14 所示。再次单击"下一步"按钮,打开如图 4-15 所示的"指定磁盘容量"对话框。

(3) 单击"下一步"按钮,创建一个虚拟硬盘 MS1.vmdk(如果存在建好的虚拟硬盘,可以直接单击"浏览"按钮)。然后单击"完成"按钮,成功添加第一个磁盘,如图 4-16 所示。

(4) 同理可添加另外 3 块 SCSI 硬盘。

图 4-11 "固件类型"选择 BIOS 选项

图 4-12 "添加硬件"对话框

图 4-13　选择"硬盘"选项

图 4-14　选择磁盘类型

图 4-15　输入磁盘容量

图 4-16　指定磁盘文件的"添加硬件向导"对话框

4.3　项目实施

　　任务不一样，使用的计算机也不同（MS1 或者 MS2）。MS2 是采用 BIOS 模式启动的，而启动模式不一样，则其管理方式也不同。

管理基本
磁盘

任务 4-1　管理基本磁盘

在安装 Windows Server 2016 时，硬盘将自动初始化为基本磁盘。基本磁盘上的管理任务包括磁盘分区的建立、删除、查看以及分区的挂载和磁盘碎片整理等。

1. 使用磁盘管理工具（MS1）

Windows Server 2016 提供了一个界面非常友好的磁盘管理工具，使用该工具可以很轻松地完成各种基本磁盘和动态磁盘的配置和管理维护工作。可以使用多种方法打开该工具。

1）使用"计算机管理"窗口打开

（1）以管理员身份登录 MS1，打开"计算机管理"窗口。选择"存储"项目中的"磁盘管理"选项，打开如图 4-17 所示的对话框，要求对新添加的磁盘进行初始化。

　　如果没有弹出"初始化磁盘"对话框，或者弹出的对话框中要进行初始化的磁盘少于预期，请在相应的新加磁盘上右击，在弹出的快捷菜单中选择"联机"命令。完成后再右击该磁盘，在弹出的快捷菜单中选择"初始化磁盘"命令，对该磁盘进行单独初始化。

图 4-17　磁盘管理

（2）单击"确定"按钮，初始化新加的 4 块磁盘。完成后，MS1 就新加了 4 块新磁盘。

2）使用系统内置的 MSC 控制台文件打开

在桌面上选择"开始"→"运行"命令，输入 diskmgmt.msc，并单击"确定"按钮。

磁盘管理工具分别以文本和图形的方式显示出所有磁盘和分区（卷）的基本信息，这些信息包括分区（卷）的驱动器号、磁盘类型、文件系统类型以及工作状态等。在磁盘管理工具的下部，以不同的颜色表示不同的分区（卷）类型，便于用户分辨不同的分区（卷）。

2. 新建基本卷（MS1）

下面的任务是在 MS1 的磁盘 1 上创建主分区和扩展分区，并在扩展分区中创建逻辑驱动器。该如何做呢？

对于 MBR 磁盘，基本磁盘上的分区和逻辑驱动器称为基本卷，基本卷只能在基本磁盘上创建。

由于 GPT 磁盘可以多达 128 个主分区，因此不需要扩展磁盘分区。所以将 GPT 盘转换为 MBR 磁盘是创建扩展分区的前提。在磁盘 1 上右击，在弹出的快捷菜单中选择"转换成 MBR 磁盘"命令，可以将 GPT 磁盘转换成 MBR 磁盘，如图 4-18 所示。

图 4-18　GPT 磁盘转换成 MBR 磁盘

1）创建主分区

（1）打开 MS1 计算机的"服务器管理器"窗口，选择"工具"→"计算机管理"命令，在打开的"计算机管理"窗口选中"磁盘管理"选项，在右侧的窗格中右击"磁盘 1"的未分配空间，在弹出的快捷菜单中选择"新建简单卷"命令，如图 4-19 所示。

图 4-19　"新建简单卷"命令

（2）打开"新建简单卷向导"，单击"下一步"按钮，设置卷的大小为 500MB。

（3）单击"下一步"按钮，分配驱动器号，如图 4-20 所示。

图 4-20　分配驱动器号

① 选中"装入以下空白 NTFS 文件夹中"单选项，表示指派一个在 NTFS 文件系统下的空文件夹来代表该磁盘分区。例如，用"C:\data"表示该分区，则以后所有保存到"C:\data"中的文件都被保存到该分区中。该文件夹必须是空的文件夹，且位于 NTFS 卷内。这个功

能特别适用于 26 个磁盘驱动器号(A~Z)不够使用时的网络环境。

② 选中"不分配驱动器号或驱动器路径"选项,表示可以事后再指派驱动器号或指派某个空文件夹来代表该磁盘分区。

(4) 单击"下一步"按钮,选择格式化的文件系统,如图 4-21 所示。格式化结束,单击"完成"按钮,完成主分区的创建。本实例划分给主分区 500MB 空间,赋予驱动器号为 E。

图 4-21　格式化分区

(5) 可以重复以上步骤创建其他主分区。

2) 创建扩展分区

Windows Server 2016 的磁盘管理不能直接创建扩展分区,必须先创建完 3 个主分区才能创建扩展磁盘分区。步骤如下。

(1) 继续在 MS1 的磁盘 1 上再创建 2 个主分区。

(2) 完成 3 个主分区创建后,在该磁盘未分区空间右击,在弹出的快捷菜单中选择"新建简单卷"命令。

(3) 后面的过程与创建主分区相似,不同的是当创建完成,显示"状态良好"的分区信息后,系统自动将刚才这个分区设置为扩展分区的一个逻辑驱动器,如图 4-22 所示。

图 4-22　3 个主分区、1 个扩展分区

3. 更改驱动器号和路径(MS1)

Windows Server 2016 默认为每个分区(卷)分配一个驱动器号字母,该分区就成为一个逻辑上的独立驱动器。有时出于管理的目的,可能需要修改默认分配的驱动器号。

还可以使用磁盘管理工具在本地 NTFS 分区(卷)的任何空文件夹中连接或装入一个本地驱动器。当在空的 NTFS 文件夹中装入本地驱动器时,Windows Server 2016 为驱动器分配一个路径而不是驱动器字母,可以装载的驱动器数量不受驱动器字母限制的影响,因此可以使用挂载的驱动器在计算机上访问 26 个以上的驱动器。Windows Server 2016 确保驱动器路径与驱动器的关联,因此可以添加或重新排列存储设备而不会使驱动器路径失效。

另外,当某个分区的空间不足并且难以扩展空间时,也可以通过挂载一个新分区到该分区某个文件夹的方法,达到扩展磁盘分区尺寸的目的。因此,挂载的驱动器使数据更容易访问,并增加了基于工作环境和系统使用情况管理数据存储的灵活性。例如,可以在"C:\Document and Settings"文件夹处装入带有 NTFS 磁盘配额以及启用容错功能的驱动器,这样用户就可以跟踪或限制磁盘的使用,并保护装入的驱动器上的用户数据,而不用在 C 驱动器上做同样的工作。也可以将"C:\Temp"文件夹设为挂载驱动器,为临时文件提供额外的磁盘空间。

如果 C 盘上的空间较小,可将程序文件移动到其他大容量驱动器上,比如 E,并将它作为"C:\mytext"挂载。这样所有保存在"C:\mytext"下的文件事实上都保存在 E 分区上。下面完成这个例子。(保证"C:\mytext"在 NTFS 分区,并且是空白的文件夹。)

(1) 在"磁盘管理"窗口中,右击目标驱动器 E,在弹出的快捷菜单中选择"更改 E:(新加卷)的驱动器号和路径"命令,打开如图 4-23 所示的对话框。

(2) 单击"更改"按钮,可以更改驱动器号;单击"添加"按钮,打开"添加驱动器号或路径"对话框,如图 4-24 所示。

图 4-23　更改驱动器号和路径

图 4-24　"添加驱动器号或路径"对话框

(3) 输入完成后,单击"确定"按钮。

(4) 测试。在"C:\text"文件夹下新建文件,然后查看 E 盘信息,发现文件实际存储在 E盘上。

要装入的文件夹一定是事先建立好的空文件夹,该文件夹所在的分区必须是 NTFS 文件系统。

4. 指定活动的磁盘分区（MS2）

如果计算机中安装了多个无法直接相互访问的不同操作系统，如 Windows Server 2016、Linux 等，则计算机在启动时会启动被设为"活动"的磁盘分区内的操作系统。

假设当前第 1 个磁盘分区中安装的是 Windows Server 2016，第 2 个磁盘分区中安装的是 Linux，如果第 1 个磁盘分区被设为"活动"，则计算机启动时就会启动 Windows Server 2016。若要下一次启动时启动 Linux，只需将第 2 个磁盘分区设为"活动"即可。

以 x86/x64 计算机来说，系统分区内存储着启动文件，例如 Bootmgr（启动管理器）等。使用 BIOS 模式工作的计算机启动时，计算机主板上的 BIOS 会读取磁盘内的 MBR，然后由 MBR 去读取系统分区内的启动程序代码（位于系统分区最前端的 Partition Boot Sector 内），再由此程序代码去读取系统分区内的启动文件，启动文件再到启动分区内加载操作系统文件并启动操作系统。因为 MBR 是到活动（active）的磁盘分区去读取启动程序代码，所以必须将系统分区设置为活动。

以管理员身份登录 MS2（使用 BIOS 模式工作），在"计算机管理"窗口选择"磁盘管理"命令，如图 4-25 所示。磁盘 0 中第 2 个磁盘分区中安装了 Windows Server 2016，它是启动分区；第 1 个磁盘分区为系统保留分区，它存储着启动文件，如 Bootmgr（启动管理器），由于它是系统分区，因此必须是活动分区。

图 4-25 磁盘 0 的启动分区、系统分区和活动分区

在安装 Windows Server 2016 时，安装程序会自动建立两个磁盘分区，其中一个为系统保留分区，另一个用来安装 Windows Server 2016。安装程序会将启动文件放置到系统保留分区内，并将它设置为活动，此磁盘分区是扮演系统分区的角色。若因特殊原因需要将活动磁盘分区更改为另外一个主分区，则选中该主分区右击，在弹出的快捷菜单中选择"将分区标记为活动分区"命令即可。

 只有主分区可以被设置为活动分区，扩展磁盘分区内的逻辑驱动器无法被设置为活动分区。

任务 4-2 建立动态磁盘卷（MS1）

建立动态磁盘卷（MS1）

在 Windows Server 2016 动态磁盘上建立卷，与在基本磁盘上建立分区的操作类似。

1. 创建 1000MB 的 RAID 5 卷

（1）以管理员身份登录 MS1，右击"磁盘 1"，在弹出的快捷菜单中选择"转换到动态磁

盘"命令，在弹出的对话框中选中"磁盘 1"～"磁盘 4"选项，如图 4-26 所示，将这 4 个磁盘转换为动态磁盘。请读者注意磁盘 1 转换为动态磁盘后，其简单卷的变化。

图 4-26　转换为动态磁盘

（2）在磁盘 2 的未分配空间上右击，在弹出的快捷菜单中选择"新建 RAID 5 卷"选项，打开"新建卷向导"对话框。

（3）单击"下一步"按钮，打开"选择磁盘"对话框，如图 4-27 所示。选择要创建的 RAID 5 卷需要使用的磁盘，选择空间容量为 1000MB。对于 RAID 5 卷来说，至少需要选择 3 个以上动态磁盘。这里选择"磁盘 2"～"磁盘 4"。

图 4-27　为 RAID 5 卷选择磁盘

（4）为 RAID 5 卷指定驱动器号和文件系统类型，完成向导设置。

（5）建立完成的 RAID 5 卷如图 4-28 所示。

图 4-28　建立完成的 RAID 5 卷

2. 创建其他卷

建立其他类型动态卷的方法与此类似,右击动态磁盘的未分配空间,在弹出的快捷菜单中按需要选择相应命令,完成不同类型动态卷的建立即可。这里不再赘述。读者可以尝试创建如下动态卷。

- 在磁盘 2 上创建 800MB 简单卷。
- 在磁盘 3 上创建 200MB 扩展卷,使 800MB 简单卷变为 1000MB。
- 在磁盘 2 上创建 1000MB 跨区卷(只有磁盘上容量不足时才会使用其他磁盘)。
- 在磁盘 2 上创建 1000MB 带区卷。

任务 4-3　维护动态卷(MS1)

1. 维护映像卷

在 MS1 上提前建立映像卷 J,容量为 1000MB,使用磁盘 1 和磁盘 2。在 J 盘上存储一个文件夹 test,供测试用。(驱动器号可能与读者的不一样,请注意!)

不再需要映像卷的容错能力时,可以选择将映像卷中断,方法是:右击映像卷,在弹出的快捷菜单中选择"中断镜卷""删除映像"或"删除卷"命令。

- 如果选择"中断镜卷"命令,中断后的映像卷成员会成为 2 个独立的卷,不再容错。
- 如果选择"删除映像"命令,则选中的磁盘上的映像卷被删除,不再容错。
- 如果选择"删除卷"命令,则映像卷成员会被删除,数据将会丢失。

如果包含部分映像卷的磁盘已经断开连接,磁盘状态会显示为"脱机"或"丢失"。要重新使用这些映像卷,可以尝试重新连接并激活磁盘,方法是:在要重新激活的磁盘上右击,

维护动态卷
(MS1)

并在弹出的快捷菜单中选择"重新激活磁盘"命令即可。

如果包含部分映像卷的磁盘丢失并且该卷没有返回到"良好"状态,则应当用另一个磁盘上的新映像替换出现故障的映像。具体方法如下。

(1) 构建故障:在虚拟机 MS1 的设置中,将第 2 块 SCSI 控制器上的硬盘(虚拟机设置中的第 2 块磁盘在计算机中的标号是磁盘 1)删除并单击"应用"按钮。这时回到 MS1,可以看到磁盘 1 显示为"丢失"状态。

(2) 在显示为"丢失"或"脱机"的磁盘的"映像卷"上右击,在弹出的快捷菜单中选择"删除映像"命令,弹出如图 4-29 所示的对话框。然后查看系统日志,以确定磁盘或磁盘控制器是否出现故障。如果出现故障的映像卷成员位于有故障的控制器上,则在有故障的控制器上安装新的磁盘并不能解决问题。本例直接删除后重建。删除映像后仍能在 J 盘上查到 test 文件夹,说明了映像卷的容错能力。下面使用新磁盘替换损坏的磁盘重建映像卷。

(3) 右击要重建映像的卷(不是已删除的卷),在弹出的快捷菜单中选择"添加映像"命令,打开如图 4-30 所示的"添加映像"对话框。选择合适的磁盘后,如磁盘 3,单击"添加映像"按钮,系统会使用新的磁盘重建映像。

图 4-29　从损坏的磁盘上删除映像

图 4-30　"添加映像"对话框

2. 维护 RAID 5

在 MS1 上提前建立 RAID 5 卷 I,容量为 1000MB,使用"磁盘 2"～"磁盘 4"。在 I 盘上存储一个文件夹 test,供测试用(磁盘符号根据不同情况会有变化)。

要处理 RAID 5 卷出现的错误,首先右击该卷,在弹出的快捷菜单中选择"重新激活磁盘"命令进行修复。如果修复失败,则需要更换磁盘并在新磁盘上重建 RAID 5 卷。RAID 5卷的故障恢复过程如下。

(1) 构建故障:在虚拟机 MS1 的设置中,将第 2 块 SCSI 控制器上的硬盘删除并单击"应用"按钮。这时回到 MS1,可以看到"磁盘 2"显示为"丢失"状态,I 盘显示为"失败的重复"(原来的 RAID 5 卷)。

（2）在"磁盘管理"控制台，右击将要修复的 RAID 5 卷（在"丢失"的磁盘上），选择"重新激活卷"命令。

（3）由于卷成员磁盘失效，所以会弹出"缺少成员"的消息对话框，单击"确定"按钮。

（4）再次右击将要修复的 RAID 5 卷，在弹出的快捷菜单中选择"修复卷"命令，如图 4-31 所示。

图 4-31　修复 RAID 5 卷

（5）在打开如图 4-32 所示的"修复 RAID 5 卷"对话框中，选择新添加的动态磁盘 0，然后单击"确定"按钮。

图 4-32　"修复 RAID 5 卷"对话框

（6）在磁盘管理器中，可以看到 RAID 5 在新磁盘上重新建立，并进行数据的同步操作。同步完成后，RAID 5 卷的故障被修复成功。上面的文件夹 test 仍然存在。

管理磁盘配额（MS1）

任务 4-4　管理磁盘配额（MS1）

在计算机网络中，系统管理员有一项很重要的任务，即为访问服务器资源的客户机设置磁盘配额，也就是限制它们一次性访问服务器资源的卷空间数量。这样做的目的在于防止某个客户机过度地占用服务器和网络资源，导致其他客户机无法访问服务器和使用网络。

1. 磁盘配额基本概念

在 Windows Server 2016 中，对于磁盘配额跟踪以及控制磁盘空间的使用，系统管理员可进行如下配置。

- 当用户超过所指定的磁盘空间限额时，阻止进一步使用磁盘空间和记录事件。
- 当用户超过指定的磁盘空间警告级别时记录事件。

启用磁盘配额时，可以设置 2 个值："磁盘配额限度"和"磁盘配额警告级别"。"磁盘配额限度"指定了允许用户使用的磁盘空间容量。警告级别指定了用户接近其配额限度的值。例如，可以把用户的磁盘配额限度设为 50MB，并把磁盘配额警告级别设为 45MB。这种情况下，用户可在卷上存储不超过 50MB 的文件。如果用户在卷上存储的文件超过 45MB，则把磁盘配额系统记录为系统事件。如果不想拒绝用户访问卷，但想跟踪每个用户的磁盘空间使用情况，启用配额但不限制磁盘空间使用将非常有用。

默认的磁盘配额不应用到现有的卷用户上。可以通过在"配额项目"对话框中添加新的配额项目，将磁盘空间配额应用到现有的卷用户上。

磁盘配额是以文件所有权为基础的，并且不受卷中用户文件的文件夹位置的限制。例如，如果用户把文件从一个文件夹移到相同卷上的其他文件夹，则卷空间使用量不变。

磁盘配额只适用于卷，且不受卷的文件夹结构及物理磁盘的布局的限制。如果卷有多个文件夹，则分配给该卷的配额将应用于卷中所有文件夹。

如果单个物理磁盘包含多个卷，并把配额应用到每个卷，则每个卷配额只适用于特定的卷。例如，如果用户共享 2 个不同的卷，分别是 F 卷和 G 卷，即使这 2 个卷在相同的物理磁盘上，也分别对这 2 个卷的配额进行跟踪。

如果一个卷跨越多个物理磁盘，则整个跨区卷使用该卷的同一配额。例如，如果 F 卷有 50MB 的配额限度，则不管 F 卷是在一个物理磁盘上还是跨越 3 个磁盘，都不能把超过 50MB 的文件保存到 F 卷。

在 NTFS 文件系统中，卷使用信息按用户安全标识符（SID）存储，而不是按用户账户名称存储。第一次打开"配额项目"对话框时，磁盘配额必须从网络域控制器或本地用户管理器上获得用户账户名称，将这些用户账户名与当前卷用户的 SID 匹配。

2. 设置磁盘配额

（1）打开 MS1 的计算机管理中的"磁盘管理"窗口，右击"新加卷 E:"，然后在弹出的快捷菜单中选择"属性"选项，打开"属性"对话框。

（2）单击选中"配额"选项卡，如图 4-33 所示。

（3）选中"启用配额管理"复选框，然后为新用户设置磁盘空间限制数值。

（4）若需要对原有的用户设置配额，单击"配额项"按钮，打开如图 4-34 所示的对话框。

图 4-33　"配额"选项卡

图 4-34　"新加卷(E:)的配额项"对话框

（5）选择"配额"→"新建配额项"命令，或单击工具栏中的"新建配额项"按钮，打开"选择用户"对话框。依次单击"高级"→"立即查找"按钮，即可在"搜索结果"列表框中选择当前计算机用户，并设置磁盘配额。然后关闭配额项对话框。图 4-35 所示为 yhl 用户设置磁盘配额。

图 4-35　"添加新配额项"对话框

（6）返回到如图 4-33 所示的"配额"选项卡。如果需要限制受配额影响的用户使用超过配额的空间，则选中"拒绝将磁盘空间给超过配额限制的用户"复选框，单击"确定"按钮。

任务 4-5　碎片整理和优化驱动器

碎片整理和优化驱动器

计算机磁盘上的文件，并非保存在一个连续的磁盘空间上，而是把一个文件分散存放在磁盘的许多地方，这样的分布会浪费磁盘空间，习惯称为"磁盘碎片"。在经常进行添加和删除文件等操作的磁盘上，这种情况尤其严重。磁盘碎片过多会增加计算机访问磁盘的时间，降低整个计算机的运行性能。因而，计算机在使用一段时间后，就需要对磁盘进行碎片整理。

碎片整理和优化驱动器程序可以重新安排计算机硬盘上的文件、程序以及未使用的空间，使得程序运行得更快、文件打开得更快。磁盘碎片整理并不影响数据的完整性。

在"服务器管理器"窗口中选择"工具"→"碎片整理和优化驱动器"命令，打开如图 4-36 所示的"优化驱动器"对话框，对驱动器进行"分析"和"优化"。

图 4-36　优化驱动器

一般情况下，选择要进行磁盘碎片整理的磁盘后，首先要分析一下磁盘分区状态。单击"分析"按钮，可以对所选的磁盘分区进行分析。系统分析完毕后会打开对话框，询问是否对磁盘进行碎片整理。如果需要对磁盘进行优化操作，选中磁盘后，直接单击"优化"按钮即可。

4.4　习题

1. 填空题

(1) 磁盘内有一个被称为_____的区域,用来存储磁盘分区的相关数据,例如每一个磁盘分区的_____、_____、_____等信息。

(2) 磁盘按分区表的格式可以分为_____、_____两种磁盘格式(style)。其中 MBR 磁盘所支持的硬盘最大容量为_____ TB。

(3) GPT 磁盘是一种新的磁盘分区表格式,其磁盘分区表存储在_____内,位于磁盘的前端,而且它分为_____、_____,可提供容错功能。使用新式 UEFI BIOS 的计算机,其 BIOS 会先读取_____,并将控制权交给_____,然后由此程序代码来继续后续的启动工作。

(4) MBR 磁盘使用的是旧的传统磁盘分区表格式,其磁盘分区表存储在内_____。为了兼容起见,GPT 磁盘内提供了_____,让仅支持 MBR 的程序仍然可以正常运行。

(5) 一个 MBR 磁盘内最多可建立_____个主分区,或最多_____个主分区加上 1 个扩展磁盘分区。

(6) Windows 系统的一个 GPT 磁盘内最多可以建立_____个主分区,因此 GPT 磁盘不需要_____分区。

(7) Windows 系统又将磁盘区分为_____与_____两种。

(8) 使用 UEFI BIOS 的计算机可以选择 UEFI 模式或_____来启动 Windows Server 2016。若是 UEFI 模式,则启动磁盘需为_____磁盘,且此磁盘最少需要 3 个 GPT 磁盘分区,即_____、_____、_____。

(9) UEFI 模式的系统虽然也可以使用 MBR 磁盘,但 MBR 磁盘只能够当作_____磁盘,无法作为_____磁盘。

(10) 从 Windows 2000 开始,Windows 系统将磁盘分为_____和_____。

(11) 一个基本磁盘最多可分为_____个区,即_____个主分区或_____个主分区和一个扩展分区。

(12) 动态卷类型包括_____、_____、_____、_____、_____。

(13) 要将 E 盘转换为 NTFS 文件系统,可以运行命令:_____。

(14) 带区卷又称为_____技术,RAID 1 又称为_____卷,RAID 5 又称为_____卷。

(15) 映像卷的磁盘空间利用率只有_____,所以映像卷的花费相对较高。与映像卷相比,RAID 5 卷的磁盘空间有效利用率为_____。硬盘数量越多,冗余数据带区的成本越低,所以 RAID 5 卷的性价比较高,被广泛地应用于数据存储领域。

2. 简答题

(1) 简述基本磁盘与动态磁盘的区别。

(2) 磁盘碎片整理的作用是什么?

(3) Windows Server 2016 支持的动态卷类型有哪些?各有何特点?

(4) 基本磁盘转换为动态磁盘应注意什么问题?如何转换?

(5) 如何限制某个用户使用服务器上的磁盘空间?

4.5 实训项目 配置与管理基本磁盘和动态磁盘实训

1. 实训目的

- 掌握 MBR 磁盘和 GPT 磁盘基础知识。
- 理解 BIOS 启动与 UEFI 启动。
- 掌握基本磁盘的管理方法。
- 掌握动态磁盘的管理方法。
- 学习磁盘阵列，以及 RAID 0、RAID 1、RAID 5 的知识。
- 掌握做磁盘阵列的条件及方法。

2. 项目环境

随着公司的发展壮大，已有的工作组式的网络已经不能满足公司的业务需要。经过多方论证，确定了公司的服务器的拓扑结构。

3. 项目要求

根据如图 4-10 所示的公司管理磁盘示意图，完成磁盘管理的实训。具体要求如下。

(1) 公司的服务器 MS2 中新增了 2 块硬盘，请完成以下任务。

① 初始化磁盘。

② 在两块磁盘上新建分区，注意主磁盘分区和扩展磁盘分区的区别以及在一块磁盘上能建的主磁盘分区的数量等。

③ 格式化磁盘分区。

④ 标注磁盘分区为活动分区。

⑤ 向驱动器分配装入点文件夹路径。

指派一个在 NTFS 文件系统下的空文件夹代表某磁盘分区，如"C:\data"文件夹。

⑥ 对磁盘进行碎片整理。

(2) 公司的服务器 MS1 中新增了 5 块硬盘，每块硬盘大小为 4GB。请完成以下任务。

① 添加硬盘，初始化硬盘，并将磁盘转换为动态磁盘。

② 创建 RAID 1 的磁盘组，大小为 1GB。

③ 创建 RAID 5 的磁盘组，大小为 2GB。

④ 创建 RAID 0 的磁盘组，大小为 800MB×5＝4GB。

⑤ 对 D 盘进行扩容。

⑥ RAID 5 数据的恢复实验。

项目 5
配置与管理打印服务器

项目背景

　　某公司组建了单位内部的办公网络,但办公设备(尤其是打印设备)不能每人配备一台,需要配置网络打印供公司员工使用。打印机的型号及所在楼层各异,人员使用打印机的优先级也不尽相同。为了提高效率,网络管理员有责任建立起该公司打印系统的良好组织与管理机制。

项目目标

- 了解打印机的相关概念。
- 掌握安装打印服务器。
- 掌握打印服务器的管理。
- 掌握共享网络打印机。

5.1　相关知识

　　Windows Server 2016 家族中的产品支持多种高级打印功能。例如,无论运行 Windows Server 2016 家族操作系统的打印服务器计算机位于网络中的哪个位置,用户都可以对它进行管理。另一项高级功能是,不必在 Windows 10 客户端计算机上安装打印机驱动程序就可以使用网络打印机。当客户端连接运行 Windows Server 2016 家族操作系统的打印服务器计算机时,驱动程序将自动下载。

1. 基本概念

为了建立网络打印服务环境,首先需要理解以下几个概念。

- 打印设备:实际执行打印的物理设备,可以分为本地打印设备和带有网络接口的打印设备。根据使用的打印技术,可以分为针式打印设备、喷墨打印设备和激光打印设备。
- 打印机:即逻辑打印机,打印服务器上的软件接口。当发出打印作业时,作业在发送到实际的打印设备之前先在逻辑打印机上进行后台打印。
- 打印服务器:连接本地打印机并将打印机共享出来的计算机系统。网络中的打印客户端会将作业发送到打印服务器处理,因此打印服务器需要有较高的内存以处理作业。对于较频繁的或大尺寸文件的打印环境,还需要打印服务器有足够的磁盘空间以保存打印假脱机文件。

2. 共享打印机的连接

在网络中共享打印机时,主要有两种不同的连接模式,即"打印服务器＋打印机"模式和"打印服务器＋网络打印机"模式。

(1)"打印服务器＋打印机"模式就是将一台普通打印机安装在打印服务器上,然后通过网络共享该打印机,供局域网中的授权用户使用。打印服务器既可以由通用计算机担任,也可以由专门的打印服务器担任。

如果网络规模较小,则可采用普通计算机担任服务器,操作系统可以采用 Windows 10。如果网络规模较大,则应当采用专门的服务器,操作系统也应当采用 Windows Server 2016,从而便于对打印权限和打印队列的管理,适应繁重的打印任务。

(2)"打印服务器＋网络打印机"模式是将一台带有网卡的网络打印设备通过网线接入局域网,设置好网络打印设备的 IP 地址,使网络打印设备成为网络上的一个不依赖于其他PC 的独立节点,然后在打印服务器上对该网络打印设备进行管理,用户就可以使用网络打印机进行打印。网络打印设备通过 EIO 插槽直接连接网络适配卡,能够以网络的速度实现高速打印输出。打印设备不再只是 PC 的外设,而成为一个独立的网络节点。

 提示 由于计算机的端口有限,因此,采用普通打印设备时,打印服务器所能管理的打印机数量也就较少。由于网络打印设备采用以太网端口接入网络,因此一台打印服务器可以管理数量非常多的网络打印机,更适用于大型网络的打印服务。

5.2 项目设计及准备

本项目的所有实例都部署在如图 5-1 所示的网络拓扑图的环境中。

角色:第1台域控制器、打印服务器、DNS服务器
主机名:DC1
IP地址:192.168.10.1/24
DNS:192.168.10.1

角色:第2台域控制器(额外域控)
主机名:DC2
IP地址:192.168.10.2/24
DNS:192.168.10.1

long.com

角色:成员服务器、打印客户端
主机名:WIN10-1
IP地址:192.168.10.10/24
DNS:192.168.10.1

图 5-1 配置与管理打印服务器网络拓扑图

(1)DC1 是域 long.com 的域控制器、DNS 服务器和打印服务器。

(2)DC2 是域 long.com 的额外域控制器,是真实环境的模拟。

(3)WIN10-1 是成员服务器,也是打印客户端。

(4)DC1 上安装打印服务器,WIN10-1 上安装客户端打印机。

5.3　项目实施

任务 5-1　安装打印服务器

若要提供网络打印服务,必须先将计算机设置为打印服务器,安装并设置共享打印机,再为不同操作系统安装驱动程序,使得网络客户端在安装共享打印机时不再需要单独安装驱动程序。

1. 安装 Windows Server 2016 打印服务器角色

在 Windows Server 2016 中,若要对打印机和打印服务器进行管理,必须安装"打印服务器角色"。而"LPD 服务"和"Internet 打印"这两个角色则是可选项。

安装打印服务器

- 选择"LPD 服务"角色服务之后,客户端需安装"LPR 端口监视器"功能才可以打印到已启动 LPD 服务共享的打印机。UNIX 打印服务器一般都会使用 LPD 服务。
- 选择"Internet 打印"角色服务之后,客户端需安装"Internet 打印客户端"功能后才可以通过 Internet 打印协议(IPP)经由 Web 来连接并打印到网络或 Internet 上的打印机。

现在将 DC1 配置成打印服务器,步骤如下。

(1) 选择"开始"→"Windows 管理工具"→"服务器管理器"命令,打开"服务器管理器"窗口,单击"仪表板"选项中的"添加角色和功能"按钮,打开"添加角色和功能向导"对话框,持续单击"下一步"按钮,直到打开如图 5-2 所示的"选择服务器角色"对话框时选中"打印和文件服务"复选框,单击"添加功能"按钮。

图 5-2　选择服务器角色

（2）持续单击三次"下一步"按钮。

（3）在"选择角色服务"的对话框中，选择"打印服务器""LPD服务"以及"Internet打印"选项。在选择"Internet打印"选项时，会弹出安装Web服务器等功能的提示框，单击"添加功能"按钮，如图5-3所示。

图5-3　选择角色服务

（4）依次单击"下一步"按钮，直到进入Web服务器的安装界面。本例采用默认设置，直接单击"下一步"按钮。在"确认安装选项"对话框中，单击"安装"按钮进行"打印服务"和"Web服务器"的安装。

2. 安装本地打印机

DC1已成为网络中的打印管理服务器，在这台计算机上安装本地打印机，也可以管理其他打印服务器。设置过程如下。

（1）确保打印设备已连接到DC1上，然后以管理员身份登录系统中，依次选择"开始"→"Windows管理工具"→"打印管理"命令，打开"打印管理"控制台窗口。

（2）在"打印管理"控制台窗口中，展开"打印服务器"→"DC1（本地）"折叠项。单击选中"打印机"项，在中间窗格的空白处右击，在弹出的菜单中选择"添加打印机"命令，如图5-4所示。

（3）在"打印机安装"对话框中，选中"使用现有的端口添加新打印机"选项，单击右侧的下拉列表按钮▼，然后在下拉列表框中根据具体的连接端口进行选择。本例选择"LPT1:（打印机端口）"选项，然后单击"下一步"按钮，如图5-5所示。

（4）在"打印机驱动程序"对话框中，选择"安装新驱动程序"选项，然后单击"下一步"按钮。

（5）在打开的"网络打印机安装向导"对话框中，需要根据计算机具体连接的打印设备

图 5-4　添加打印机

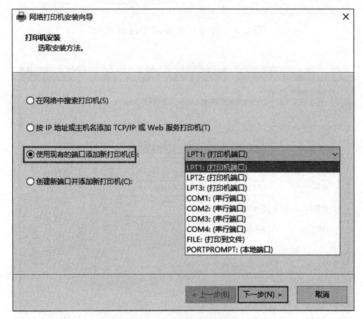

图 5-5　选择连接端口

情况选择打印设备生产厂商和打印机型号。选择完毕,单击"下一步"按钮,如图 5-6 所示。

（6）在"打印机名称和共享设置"的对话框中,选中"共享此打印机"选项,并设置打印机名称和共享名称都为 hp1,然后单击"下一步"按钮,如图 5-7 所示。

> 　　　也可以在打印机建立后,在其属性中设置共享,设置共享名为"hp1"。在共享打印机后,Windows 将在防火墙中启用"文件和打印共享",以接受客户端的共享连接。

（7）在打开的"网络打印机安装向导"对话框中,确认前面步骤的设置无误后,单击"下

图 5-6 选择厂商和打印机型号

图 5-7 共享打印机设置

一步"按钮进行驱动程序和打印机的安装。安装完毕，单击"完成"按钮，完成打印机的安装过程。

 读者还可以在"打印管理"窗口展开"打印管理"→"打印服务器"折叠项，在中间窗格的空白处右击，在弹出的菜单中选择"添加/删除服务器"命令，根据向导完成管理其他服务器的任务。

任务 5-2　连接共享打印机

连接共享打印机

打印服务器设置成功后,即可在客户端安装共享打印机。共享打印机的安装与本地打印机的安装过程非常相似,都需要借助"添加打印机向导"来完成。安装网络打印机时,在客户端不需要为要安装的打印机提供驱动程序。

1. 添加网络打印机

客户端打印机的安装过程与服务器的设置有很多相似之处,但也不尽相同。其安装在"添加打印机向导"的引导下即可完成。

网络打印机的添加安装有如下两种方式。

- 在"服务器管理器"窗口中单击"打印服务器"中的"添加打印机"按钮,运行"添加打印机向导"工具。(前提是在客户端添加了"打印服务器"角色)
- 选择"控制面板"→"硬件"命令,打开"硬件"窗口,在"硬件和打印机"选项下单击"添加打印机"按钮,运行"添加打印机向导"工具。

案例:打印服务器 DC1 已安装好,用户 print 需要通过网络服务器打印一份文档。

(1) 在 DC1 上利用"Active Directory 用户和计算机"控制台新建用户 print。

(2) 选择"服务器管理器"→"工具"→"打印管理"命令,打开"打印管理"窗口,在刚完成安装的打印机项上右击,在弹出的快捷菜单中选择"属性"命令,然后在打开的对话框中单击选中"安全"选项卡,如图 5-8 所示。

图 5-8　设置 print 用户允许打印

（3）删除 Everyone 用户，添加 print 用户，允许有"打印"权限。

（4）以管理员身份登录 WIN10-1，选择"开始"→"Windows 系统"→"控制面板"命令，打开"控制面板"窗口，选择"硬件和声音"→"高级打印机设置"命令。

（5）打开如图 5-9 所示的对话框。

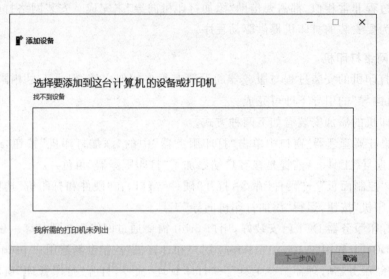

图 5-9　自动搜索要添加的打印机

（6）单击"我需要的打印机未列出"按钮，在弹出的对话框中选中"按名称选择共享打印机"选项，单击"浏览"按钮查找共享打印机。在网络上存在的计算机列表窗口中双击 DC1 图标按钮，弹出"Windows 安全中心"对话框，在此输入 print 及密码，如图 5-10 所示。

图 5-10　选择共享打印机时的网络凭证

（7）单击"确定"按钮，显示 DC1 计算机上共享的打印机，单击选中该共享打印机，单击"选择"按钮，返回"添加打印机向导"对话框。

（8）单击"下一步"按钮，开始安装共享打印机。安装完成后，单击"完成"按钮。如果单击"打印测试页"按钮，可以进一步测试所安装的打印机是否正常工作。

①一定保证开启两个计算机的网络发现功能。②本例在域方式下完成。如果在工作组环境下，也需要为共享打印机的用户创建用户，比如 print1，并赋予该用户允许打印的权限。在连接共享打印机时，以用户 print1 身份登录，然后添加网络打印机。添加网络打印机的过程与域环境下基本一样，按向导完成即可，这里不再赘述。

（9）用户在客户端成功添加网络打印机后，就可以打印文档了。打印时，在出现的"打印"对话框中，选择添加的网络打印机即可。

2. 使用"网络"或"查找"安装打印机

除了可以采用"打印机安装向导"工具安装网络打印机外，还可以使用"网络"或"查找"的方式安装打印机。

（1）在 WIN10-1 计算机上，选择"开始"→"Windows 系统"→"文件资源管理器"命令，打开"文件资源管理器"窗口，单击窗口左下角的"网络"链接，打开 WIN10-1 的"网络"对话框，找到打印服务器 DC1，或者使用"查找"方式，以 IP 地址或计算机名称作为关键字找到打印服务器，如在运行中输入\\192.168.10.1。双击计算机 DC1 图标按钮，根据系统提示输入有访问权限的用户名和密码，比如 print，然后显示其中所有的共享文档和"共享打印机"。

（2）双击要安装的网络打印机，该打印机的驱动程序将自动被安装到本地，并显示该打印机中当前的打印任务。或者右击共享打印机，在弹出的快捷菜单中选择"连接"命令，完成网络打印机的安装。

任务 5-3　管理打印服务器

管理打印服务器

在打印服务器上安装共享打印机后，可通过设置打印机的属性来进一步管理打印机。

1. 设置打印优先级

高优先级的用户发送来的文档可以越过等候打印的低优先级的文档队列。如果两个逻辑打印机都与同一打印设备相关联，则 Windows Server 2016 操作系统首先将优先级最高的文档发送到该打印设备。

要利用打印优先级系统，需为同一打印设备创建多个逻辑打印机。为每个逻辑打印机指派不同的优先等级，然后创建与每个逻辑打印机相关的用户组 group1 和 group2。例如，group1 中的用户拥有访问优先级为 1 的打印机的权利，group2 中的用户拥有访问优先级为 2 的打印机的权利，以此类推。1 代表最低优先级，99 代表最高优先级。设置打印机优先级的方法如下。

（1）在 DC1 中为 LPT1 的同一台设备安装两台打印机。由于 hp1 已经安装，再安装一台 hp2（请读者自行安装第二台打印机 hp2。hp1 的型号是 5500，hp2 的型号是 5550）。

（2）在"打印管理"窗口中，展开"打印服务器"→"DC1（本地）"→"打印机"折叠项。右击打印机列表中的打印机 hp1，在弹出的快捷菜单中选择"属性"命令，打开打印机属性对话框，单击选中"高级"选项卡，如图 5-11 所示。设置优先级为"1"。

图 5-11　打印机属性"高级"选项卡

（3）然后在打印属性对话框中单击选中"安全"选项卡，添加用户组"group1"并赋予其打印权限。

（4）同理，设置 hp2 的优先级为"2"，添加用户组"group2"并赋予其在 hp2 上的打印权限。

2. 设置打印机池

打印机池就是将多个相同的或者特性相同的打印设备集合起来，然后创建一个（逻辑）打印机映射到这些打印设备，也就是利用一个打印机同时管理多台相同的打印设备。当用户将文档送到此打印机时，打印机会根据打印设备是否正在使用，决定将该文档送到"打印机池"中的哪一台打印设备打印。例如，当"A 打印机"和"B 打印机"忙碌时，有一个用户想打印文档，逻辑打印机就会直接转到"C 打印机"打印。

设置打印机池的步骤如下。需要再在 LPT2 端口安装一台同型号的打印机 hp3，这个由读者自行完成，在此不再演示安装方法。

（1）在如图 5-11 所示的"hp1 属性"对话框中，单击选中"端口"选项卡。

（2）选中"启用打印机池"复选框，再选中打印设备所连接的多个端口，如图 5-12 所示。必须选择一个以上的端口，否则会弹出"打印机属性提示"对话框。然后单击"确定"按钮。

图 5-12　选择"启用打印机池"复选框

注　意

　　　　打印机池中的所有打印机必须是同一型号,使用相同的驱动程序。由于用户不知道指定的文档由池中的哪一台打印设备打印,因此应确保池中的所有打印设备位于同一位置。

3. 管理打印队列

打印队列是存放等待打印文件的地方。当应用程序选择"打印"命令后,Windows 就创建一个打印工作且开始处理它。若打印机这时正在处理另一项打印作业,则在打印机文件夹中将形成一个打印队列,保存着所有等待打印的文件。

1) 查看打印队列中的文档

查看打印机打印队列中的文档不仅有利于用户和管理员确认打印文档的输出和打印状态,同时也有利于进行打印机的选择。

在 DC1 上,依次选择"开始"→"控制面板"→"硬件"→"查看设备和打印机"命令,在打开的窗口中双击要查看的打印机图标按钮,单击"查看正在打印的内容"按钮,打开打印机管理窗口,如图 5-13 所示。其中列出了当前所有要打印的文件。

图 5-13　打印机管理窗口

2）调整打印文档的顺序

用户可通过更改打印优先级来调整打印文档的打印次序，使急需的文档优先打印出来。要调整打印文档的顺序，可采用以下步骤。

（1）在打印管理的窗口中，右击需要调整打印次序的文档，在弹出的快捷菜单中选择"属性"命令，打开"文档属性"对话框，单击选中"常规"选项卡，如图 5-14 所示。

图 5-14 "文档属性"对话框

（2）在"优先级"选项区域中，拖动滑块即可改变被选文档的优先级。对于需要提前打印的文档，应提高其优先级；对于不需要提前打印的文档，应降低其优先级。

3）暂停和继续打印一个文档

（1）在如图 5-13 所示的打印机管理窗口中，右击要暂停的打印文档，在弹出的快捷菜单中选择"暂停"命令，可以将该文档的打印工作暂停，状态栏中显示"已暂停"字样。

（2）文档暂停之后，若想继续打印暂停的文档，只需在对打印文档右击所弹出的快捷菜单中选择"继续"命令即可。不过如果用户暂停了打印队列中优先级别最高的打印作业，打印机将停止工作，直到继续打印。

4）暂停和重新启动打印机的打印作业

（1）在如图 5-13 所示的打印机管理窗口中，选择"打印机"→"暂停打印"命令，即可暂停打印机的作业，此时标题栏中显示"已暂停"字样。

（2）当需要重新启动打印机打印作业时，再次选择"打印机"→"暂停打印"命令，即可使打印机继续打印，标题栏中的"已暂停"字样消失。

5）删除打印文件

（1）在如图 5-13 所示的打印机管理窗口中，在打印队列中选择要取消打印的文档，然后选择"文档"→"取消"命令,即可取消文档打印。

(2)如果管理员要清除所有的打印文档,可选择"打印机"→"取消所有文档"命令。打印机没有还原功能,打印作业被取消之后不能再恢复。若要再次打印,则必须重新对打印队列的所有文档进行打印。

4. 为不同用户设置不同的打印权限

打印机被安装在网络上后,系统会为它指派默认的打印机权限。该权限允许所有用户打印,并允许选择组对打印机和发送给它的文档加以管理。因为打印机可用于网络上的所有用户,所以可能就需要通过指派特定的打印机权限,以限制某些用户的访问权。

例如,可以给部门中无管理权的用户设置"打印"权限,而给所有管理人员设置"打印和管理文档"权限。这样,所有用户和管理人员都能打印文档,但管理人员还能更改发送给打印机的任何文档的打印状态。

(1)在 DC1 计算机的打印管理窗口中,展开"打印服务器"→"DC1(本地)"→"打印机"折叠项。右击打印机列表中的打印机,在弹出的快捷菜单中选择"属性"命令,打开打印机属性对话框。单击选中"安全"选项卡,如图 5-15 所示。Windows 提供了 3 种等级的打印安全权限,即打印、管理打印机和管理文档。

图 5-15　"安全"选项卡

(2)当给一组用户指派了多个权限时,将应用限制性最少的权限。但是,应用"拒绝"权限时,它将优先于其他任何权限。

(3)默认情况下,"打印"权限将指派给 Everyone 组中的所有成员。用户可以连接到打印机,并将文档发送到打印机。

1）管理打印机权限

用户可以执行与"打印"权限相关联的任务，并且具有对打印机的完全管理控制权。用户可以暂停和重新启动打印机、更改打印后台处理程序设置、共享打印机、调整打印机权限，还可以更改打印机属性。默认情况下，"管理打印机"权限将被指派给服务器的 Administrators 组、域控制器上的 Print Operators 以及 Server Operators 组。

2）管理文档权限

用户可以暂停、继续、重新开始和取消由其他所有用户提交的文档，还可以重新安排这些文档的顺序。但用户无法将文档发送到打印机，或控制打印机状态。

默认情况下，"管理文档"权限指派给 Creator Owner 组的成员。当用户被指派给"管理文档"权限时，用户将无法访问当前等待打印的现有文档。此权限只应用于在该权限被指派给用户之后发送到打印机的文档。

3）拒绝权限

在前面为打印机指派的所有权限都会被拒绝。如果访问被拒绝，用户将无法使用或管理打印机，或者更改任何权限。

如图 5-15 所示，在"组或用户名"列表框中选择设置权限的用户，在"权限"列表框中可以选择要为用户设置的权限。

如果要设置新用户或组的权限，在如图 5-15 所示的对话框中单击"添加"按钮，打开"选择用户或组"对话框，输入要为其设置权限的用户或组的名称即可。或者单击依次"高级"→"立即查找"按钮，在出现的用户或组列表中选择要为其设置权限的用户或用户组。

5. 设置打印机的所有者

默认情况下，打印机的所有者是安装打印机的用户。如果这个用户不能再管理这台打印机，就应由其他用户获得所有权以管理这台打印机。

以下用户或组成员能够成为打印机的所有者。

- 由管理员定义的具有管理打印机权限的用户或组成员。
- 系统提供的 Administrators 组、Print Operators 组、Server Operators 组和 Power Users 组的成员。

如果要成为打印机的所有者，首先要使用户具有管理打印机的权限，或者加入上述的组。设置打印机的所有者的步骤如下。

（1）在如图 5-15 所示对话框的"安全"选项卡中单击"高级"按钮，打开"高级安全设置"对话框，选择"更改"按钮，打开如图 5-16 所示的更改所有者对话框。

（2）当前所有者是管理员组的所有成员。如果想更改打印机所有者的组或用户，可在"输入要选择的对象名称"列表框中输入要成为打印机所有者的组或用户（也可以依次单击"高级"→"立即查找"按钮，查找并选择要成为打印机所有者的组或用户）。

　　打印机的所有权不能从一个用户指定到另一个用户，只有当原先具有所有权的用户无效时才能指定其他用户。不过，Administrator 可以把所有权指定给 Administrators 组。

图 5-16 "所有者"选项卡

5.4 习题

1. 填空题

(1) 在网络中共享打印机时,主要有两种不同的连接模式,即_____和_____。

(2) Windows Server 2016 系统支持两种类型的打印机,即_____和_____。

(3) 要利用打印优先级系统,需为同一打印设备创建_____个逻辑打印机。为每个逻辑打印机指派不同的优先等级,然后创建与每个逻辑打印机相关的用户组,_____代表最低优先级,_____代表最高优先级。

(4) _____就是用一台打印服务器管理多个物理特性相同的打印设备,以便同时打印大量文档。

(5) 默认情况下,"管理打印机"权限将被指派给_____、_____及_____。

(6) 根据使用的打印技术,打印设备可以分为_____、_____和激光打印设备。

(7) 默认情况下,添加打印机向导会_____并在 Active Directory 中发布,除非在向导的"打印机名称和共享设置"对话框中取消选中"共享打印机"复选框。

2. 选择题

(1) 下列权限(　　)不是打印安全权限。

　　A. 打印　　　　　　B. 浏览　　　　　　C. 管理打印机　　　　D. 管理文档

(2) Internet 打印服务系统是基于(　　)方式工作的文件系统。

　　A. B/S　　　　　　B. C/S　　　　　　C. B2B　　　　　　　D. C2C

(3) 不能通过计算机的(　　)端口与打印设备相连。

　　A. 串行口(COM)　　B. 并行口(LPT)　　C. 网络端口　　　　D. RS-232

（4）下列（　　）不是 Windows Server 2012 支持的其他驱动程序类型。

    A. x86　　　　　　　　B. x64　　　　　　　　C. 486　　　　　　　　D. Itanium

3. 简答题

（1）简述打印机、打印设备和打印服务器的区别。

（2）简述共享打印机的好处，并举例。

（3）为什么用多个打印机连接同一打印设备？

5.5　实训项目　配置与管理打印服务器实训

1. 实训目的

- 掌握打印服务器的安装。
- 掌握网络打印机的安装与配置。
- 掌握打印服务器的配置与管理。

2. 项目背景

本项目根据图 5-1 所示的环境来部署打印服务器。

3. 项目要求

完成以下 3 项任务。

（1）安装打印服务器。

（2）连接共享打印机。

（3）管理打印服务器。

项目 6
配置与管理 DNS 服务器

项目背景

　　某高校组建了学校的校园网,为了能使校园网中的计算机用户简单快捷地访问本地网络及 Internet 上的资源,需要在校园网中架设 DNS 服务器,用来提供域名转换成 IP 地址的功能。

　　在完成该项目之前,首先应当确定网络中 DNS 服务器的部署环境,明确 DNS 服务器的各种角色及其作用。

项目目标

- 了解 DNS 服务器的作用及其在网络中的重要性。
- 理解 DNS 的域名空间结构及其工作过程。
- 理解并掌握主 DNS 服务器的部署。
- 理解并掌握辅助 DNS 服务器的部署。
- 理解并掌握 DNS 客户机的部署。
- 掌握 DNS 服务的测试以及动态更新。

6.1　相关知识

　　在 TCP/IP 网络上,每个设备必须被分配一个唯一的地址。计算机之间在网络上通信时只能识别如 202.97.135.160 之类的数字地址,而人们在使用网络资源的时候,为了便于记忆和理解,更倾向于使用有代表意义的名称。

　　DNS 服务器就承担了将域名转换成 IP 地址的功能。这就是在浏览器地址栏中输入如 www.ryjiaoyu.com 的域名后,就能看到相应的页面的原因。输入域名后,有一台称为 DNS 服务器的计算机自动把域名"翻译"成相应的 IP 地址。

DNS 服务

　　DNS 实际上是域名系统的缩写,它的目的是当用户使用域名进行查询时为其提供该域名的 IP 地址,以便用户用易记的名字搜索和访问必须通过 IP 地址才能定位的本地网络或 Internet 上的资源。

　　DNS 服务使网络服务的访问更加简单,对于一个网站的推广发布起到极其重要的作用。而且许多重要网络服务(如 E-mail 服务、Web 服务)的实现,也需要借助于 DNS 服务。因此,DNS 服务可视为网络服务的基础。另外,在稍具规模的局域网中,DNS 服务也被大量采用,因为 DNS 服务不仅可以使网络服务的访问更加简单,而且可以完美地实现与 Internet 的融合。

6.1.1 域名空间结构

域名系统 DNS 的核心思想是分级的,是一种分布式的、分层次型的、客户机/服务器式的数据库管理系统,它主要用于将主机名或电子邮件地址映射成 IP 地址。一般来说,每个组织有自己的 DNS 服务器,并维护域名称与数据库记录或资源记录之间的映射。每个登记的域都将自己的数据库列表提供给整个网络复制。

目前负责管理全世界 IP 地址的单位是 InterNIC(Internet network information center),在 InterNIC 之下的 DNS 结构共分为若干个域(domain)。如图 6-1 所示的阶层式树状结构,称为域名空间(domain name space)。

图 6-1 域名空间结构

 域名和主机名只能用字母 a~z(在 Windows 服务器中大小写等效,而在 UNIX 中则不同)、数字 0~9 和连线"-"组成。其他公共字符,如连接符"&"、斜杠"/"、句点和下画线"_"都不能用于表示域名和主机名。

1. 根域

如图 6-1 所示,位于层次结构最高端的是域名树的根,提供根域名服务,用"."表示。在 Internet 中,根域是默认的,一般都不需要表示出来。全世界共有 13 台根域服务器,它们分布于世界各大洲,并由 InterNIC 管理。根域名服务器中并没有保存任何网址,只具有初始指针指向第一层域,也就是顶级域,如 com、edu、net 等。

2. 顶级域

顶级域位于根域之下,数目有限,且不能轻易变动。顶级域也是由 InterNIC 统一管理的。在互联网中,顶级域大致分为两类:各种组织的顶级域(机构域)和各个国家或地区的顶级域(地理域)。顶级域所包含的部分域名称如表 6-1 所示。

表 6-1 顶级域所包含的部分域名称

域 名 称	说 明
com	商业机构
edu	教育、学术研究单位
gov	官方政府单位
net	网络服务机构
org	财团法人等非营利机构
mil	军事部门
其他国家或地区代码	代表其他国家/地区的代码,如 cn 表示中国,jp 为日本

3. 子域

在 DNS 域名空间中,除了根域和顶级域外,其他域都称为子域。子域是有上级域的域,一个域可以有许多个子域。子域是相对而言的,如 www.tsinghua.edu.cn 中,tsinghua.edu 是 cn 的子域,tsinghua 是 edu.cn 的子域。表 6-2 给出了域名层次结构中的若干层。

表 6-2 域名层次结构中的若干层

域 名	域名层次结构中的位置
.	根是唯一没有名称的域
.cn	顶级域名称,中国子域
.edu.cn	二级域名称,中国的教育部门
.tsinghua.edu.cn	子域名称,教育网中的清华大学

和根域相比,顶级域实际是处于第二层的域,但它们还是被称为顶级域。根域从技术的含义上是一个域,但常常不被当作一个域。根域只有很少几个根级成员,它们的存在只是为了支持域名树的存在。

第二层域(顶级域)是属于单位团体或地区的,用域名的最后一部分即域后缀来分类。例如,域名 edu.cn 代表中国的教育系统。多数域后缀可以反映使用这个域名所代表的组织的性质,但并不总是很容易通过域后缀来确定所代表的组织、单位的性质。

4. 主机

在域名层次结构中,主机可以存在于根以下的各层上。因为域名树是层次型的而不是平面型的,因此只要求主机名在每一连续的域名空间中是唯一的,而在相同层中可以有相同的名字。如 www.163.com、www.12306.cn 和 www.sohu.com 都是有效的主机名。也就是说,即使这些主机有相同的名字 www,但都可以被正确地解析到唯一的主机。即只要是在不同的子域,就可以重名。

6.1.2 DNS 名称的解析方法

DNS 名称的解析方法主要有两种:一种是通过 hosts 文件进行解析,另一种是通过

DNS 服务器进行解析。

1. hosts 文件

hosts 文件解析只是 Internet 中最初使用的一种查询方式。采用 hosts 文件进行解析时,必须由人工输入、删除、修改所有 DNS 名称与 IP 地址的对应数据,即把全世界所有的 DNS 名称写在一个文件中,并将该文件存储到解析服务器上。客户端如果需要解析名称,就到解析服务器上查询 hosts 文件。全世界所有的解析服务器上的 hosts 文件都需保持一致。当网络规模较小时,hosts 文件解析还是可以采用的。然而,当网络越来越大时,为保持网络里所有服务器中 hosts 文件的一致性,就需要大量管理和维护工作。在大型网络中,这将是一项沉重的负担,此种方法显然是不适用的。

在 Windows Server 2016 中,hosts 文件位于％systemroot％\system32\drivers\etc 目录中,本例为"C:\windows\system32\drivers\etc"。该文件是一个纯文本文件,如图 6-2 所示。

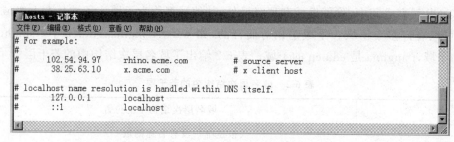

图 6-2　Windows Server 2016 中的 hosts 文件

2. DNS 服务器

DNS 服务器是目前 Internet 上最常用也是最便捷的名称解析方法。全世界有众多 DNS 服务器各司其职,互相呼应,协同工作,构成了一个分布式的 DNS 名称解析网络。例如,163.com 的 DNS 服务器只负责本域内数据的更新,而其他 DNS 服务器并不知道也无须知道 163.com 域中有哪些主机,但它们知道 163.com 的 DNS 服务器的位置;当需要解析 www.163.com 时,它们就会向 163.com 的 DNS 服务器请求帮助。采用这种分布式解析结构时,一台 DNS 服务器出现问题并不会影响整个体系,而数据的更新操作也只在其中的一台或几台 DNS 服务器上进行,使整体的解析效率大幅提高。

6.1.3　DNS 服务器的类型

DNS 服务器用于实现 DNS 名称和 IP 地址的双向解析。在网络中,主要有 4 种类型的 DNS 服务器:主 DNS 服务器、辅助 DNS 服务器、转发 DNS 服务器和唯缓存 DNS 服务器。

1. 主 DNS 服务器

主 DNS 服务器(primary name server)是特定 DNS 域所有信息的权威性信息源。它从域管理员构造的本地数据库文件即区域文件(zone file)中加载域信息,该文件包含该服务器具有管理权的 DNS 域的最精确信息。

主 DNS 服务器保存着自主生成的区域文件,该文件是可读可写的。当 DNS 域中的信息发生变化时(如添加或删除记录),这些变化都会保存到主 DNS 服务器的区域文件中。

2. 辅助 DNS 服务器

辅助 DNS 服务器(secondary name server)可以从主 DNS 服务器中复制一整套域信息。该服务器的区域文件是从主 DNS 服务器中复制生成的,并作为本地文件存储。这种复制称为"区域传输"。在辅助 DNS 服务器中存有一个域所有信息的完整只读副本,可以对该域的解析请求提供权威的回答。由于辅助 DNS 服务器的区域文件仅是只读副本,因此无法进行更改,所有针对区域文件的更改必须在主 DNS 服务器上进行。在实际应用中,辅助 DNS 服务器主要用于均衡负载和容错。如果主 DNS 服务器出现故障,可以根据需要将辅助 DNS 服务器转换为主 DNS 服务器。

3. 转发 DNS 服务器

转发 DNS 服务器(forwarder name server)可以向其他 DNS 转发解析请求。当 DNS 服务器收到客户端的解析请求后,它首先会尝试从其本地数据库中查找;若未能找到,则需要向其他指定的 DNS 服务器转发解析请求;其他 DNS 服务器完成解析后会返回解析结果,转发 DNS 服务器将该解析结果缓存在自己的 DNS 缓存中,并向客户端返回解析结果。在缓存期内,如果客户端请求解析相同的名称,则转发 DNS 服务器会立即回应客户端;否则,将会再次发生转发解析的过程。

目前,网络中所有的 DNS 服务器均被配置为转发 DNS 服务器,向指定的其他 DNS 服务器或根域服务器转发自己无法完成的解析请求。

4. 唯缓存 DNS 服务器

唯缓存 DNS 服务器(caching-only name server)可以提供名称解析服务器,但其没有任何本地数据库文件。唯缓存 DNS 服务器必须同时是转发 DNS 服务器。它将客户端的解析请求转发给指定的远程 DNS 服务器,并从远程 DNS 服务器取得每次解析的结果,并将该结果存储在 DNS 缓存中,以后收到相同的解析请求时就用 DNS 缓存中的结果。所有的 DNS 服务器都按这种方式使用缓存中的信息,但唯缓存服务器则依赖于这一技术实现所有的名称解析。

DNS 服务器一旦安装好,它本身就成为一台缓存 DNS 服务器。唯缓存服务器并不是权威性的服务器,因为它提供的所有信息都是间接信息。

(1) 所有的 DNS 服务器均可使用 DNS 缓存机制相应解析请求,以提高解析效率。

(2) 可以根据实际需要将上述几种 DNS 服务器结合,进行合理配置。

(3) 一些域的主 DNS 服务器可以是另一些域的辅助 DNS 服务器。

(4) 一个域只能部署一个主 DNS 服务器,它是该域的权威性信息源;另外至少应该部署一个辅助 DNS 服务器,将作为主 DNS 服务器的备份。

(5) 配置唯缓存 DNS 服务器可以减轻主 DNS 服务器和辅助 DNS 服务器的负载,从而减少网络传输。

6.1.4　DNS 名称解析的查询模式

当 DNS 客户端向 DNS 服务器发送解析请求或 DNS 服务器向其他 DNS 服务器转发解

析请求时,均需要使用请求其所需的解析结果。目前使用的查询模式主要有递归查询和迭代查询两种。

1. 递归查询

递归查询是最常见的查询方式,域名服务器将代替提出请求的客户机(下级 DNS 服务器)进行域名查询。若域名服务器不能直接回答,则域名服务器会在域各树中的各分支上下进行递归查询,最终返回查询结果给客户机。在域名服务器查询期间,客户机完全处于等待状态。

2. 迭代查询(又称转寄查询)

当服务器收到 DNS 工作站的查询请求后,如果在 DNS 服务器中没有查到所需数据,该 DNS 服务器便会告诉 DNS 工作站另外一台 DNS 服务器的 IP 地址,然后由 DNS 工作站自行向此 DNS 服务器查询,以此类推,直到查到所需数据为止。如果到最后一台 DNS 服务器都没有查到所需数据,则通知 DNS 工作站查询失败。"转寄"的意思就是若在某地查不到,该地就会告诉用户其他地方的地址,让用户转到其他地方去查。一般在 DNS 服务器之间的查询请求属于转寄查询(DNS 服务器也可以充当 DNS 工作站的角色),在 DNS 客户端与本地 DNS 服务器之间的查询属于递归查询。

下面以查询 www.163.com 为例介绍转寄查询的过程,如图 6-3 所示。

图 6-3　转寄查询

(1) 客户端向本地 DNS 服务器直接查询 www.163.com 的域名。

(2) 本地 DNS 无法解析此域名,先向根域服务器发出请求,查询.com 的 DNS 地址。

(3) 根域 DNS 管理着.com、.net、.org 等顶级域名的地址解析。它收到请求后,把解析结果(管理.com 域的服务器地址)返回给本地的 DNS 服务器。

(4) 本地 DNS 服务器得到查询结果后,接着向管理.com 域的 DNS 服务器发出进一步的查询请求,要求得到 163.com 的 DNS 地址。

(5) .com 域把解析结果(管理 163.com 域的服务器地址)返回给本地 DNS 服务器。

(6) 本地 DNS 服务器得到查询结果后,接着向管理 163.com 域的 DNS 服务器发出查询具体主机 IP 地址的请求(www),要求得到满足要求的主机 IP 地址。

（7）163.com 把解析结果返回给本地 DNS 服务器。

（8）本地 DNS 服务器得到了最终的查询结果。它把这个结果返回给客户端，从而使客户端能够和远程主机通信。

　　① 正确安装完 DNS 后，打开 DNS 属性对话框，在"根目录提示"选项卡中，系统显示了包含在解析名称中为要使用和参考的服务器所建议的根服务器的根提示列表，默认共有 13 个。

　　② 目前全球共有 13 个域名根服务器。1 个为主根服务器，放置在美国。其余 12 个均为辅助根服务器，其中美国 9 个、欧洲 2 个（英国和瑞典各 1 个）、亚洲 1 个（日本）。所有的根服务器均由 ICANN（互联网名称与数字地址分配机构）统一管理。

6.1.5　DNS 区域

为了便于根据实际情况来分散 DNS 名称管理工作的负荷，将 DNS 名称空间划分为区域（zone）来进行管理。区域是 DNS 服务器的管辖范围，是由 DNS 名称空间中的单个域或由具有上下隶属关系的紧密相邻的多个子域组成的一个管理单位。因此，DNS 服务器是通过区域来管理名称空间的，而并非以域为单位管理名称空间，但区域的名称与其管理的 DNS 名称空间的域的名称是一一对应的。

一台 DNS 服务器可以管理一个或多个区域，而一个区域也可以有多台 DNS 服务器来管理（如由一个主 DNS 服务器和多个辅助 DNS 服务器来管理）。在 DNS 服务器中必须先建立区域，然后根据需要在区域中建立子域以及在区域或子域中添加资源记录，才能完成其解析工作。

1. 正向解析和反向解析

将 DNS 名称解析成 IP 地址的过程称为正向解析，递归查询和转寄查询两种查询模式都是正向解析。将 IP 地址解析成 DNS 名称的过程称为反向解析，它依据 DNS 客户端提供的 IP 地址，来查询它的主机名。由于 DNS 名字空间中域名与 IP 地址之间无法建立直接对应关系，所以必须在 DNS 服务器内创建一个反向查询的区域，该区域名称的最后部分为 in-addr.arpa。

DNS 服务器分别通过正向查找区域和反向查找区域来管理正向解析和反向解析。在 Internet 中，正向解析的应用非常普遍。而反向解析由于会占用大量的系统资源，会给网络带来不安全的问题，通常不提供反向解析。

2. 主要区域、辅助区域和存根区域

无论是正向解析还是反向解析，均可以针对一个区域建立 3 种类型的区域，即主要区域、辅助区域和存根区域。

（1）主要区域。一个区域的主要区域建立在该区域的主 DNS 服务器上。主要区域的数据库文件是可读可写的，所有针对该区域的添加、修改和删除等写入操作都必须在主要区域中进行。

（2）辅助区域。一个区域的辅助区域建立在该区域的辅助 DNS 服务器上。辅助区域

的数据库文件是主要区域数据库文件的副本，需要定期地通过区域传输从主要区域中复制以获得更新。辅助区域的主要作用是均衡 DNS 解析的负载以提高解析效率，同时提供容错能力。必要时，可以将辅助区域转换为主要区域。辅助区域内的记录是只读的，不可以修改。如图 6-4 所示，DNS 服务器 B 与 DNS 服务器 C 内都各有一个辅助区域，其中的记录是从 DNS 服务器 A 复制过来的，换句话说，DNS 服务器 A 是它们的主服务器。

图 6-4　辅助区域

（3）存根区域。一个区域的存根区域类似于辅助区域，也是主要区域的只读副本，但存根区域只从主要区域中复制 SOA 记录、NS 记录以及黏附 A 记录（即解析 NS 记录所需的 A 记录），而不是所有的区域数据库信息。存根区域所属的主要区域通常是一个受委派区域，如果该受委派区域部署了辅助 DNS 服务器，则通过存根区域可以让委派服务器获得该受委派区域的权威 DNS 服务器列表（包括主 DNS 服务器和所有辅助 DNS 服务器）。

　　在 Windows Server 2016 服务器中，DNS 服务支持增量区域传输（incremental zone transfer），也就是在更新区域中的记录时，DNS 服务器之间只传输发生改变的记录，因此提高了传输的效率。
　　在以下情况可以启动区域传输：管理区域的辅助 DNS 服务器启动、区域的刷新时间间隔过期、在主 DNS 服务器记录发生改变并设置了 DNS 通告列表。在这里，所谓 DNS 通告是利用"推"的机制，当 DNS 服务器中的区域记录发生改变时，它将通知选定的 DNS 服务器进行更新，被通知的服务器启动区域复制操作。

3. 资源记录

DNS 数据库文件由区域文件、缓存文件和反向搜索文件等组成，其中区域文件是最主要的，它保存着 DNS 服务器所管辖区域的主机的域名记录。默认的文件名是"区域名. dns"，在 Windows NT/2000/2003 系统中，置于％systemroot％\system32\dns 目录中。而缓存文件用于保存根域中的 DNS 服务器名称与 IP 地址的对应表，文件名为 Cache.dns。DNS 服务就是依赖于 DNS 数据库文件来实现的。

每个区域数据库文件都是由资源记录构成的。资源记录是 DNS 服务器提供名称解析的依据，当收到解析请求后，DNS 服务器会查找资源记录并予以响应。

常见的资源记录主要包括 SOA 记录、NS 记录、A 记录、CNAME 记录、PTR 记录及 MX 记录等类型,见表 6-3。

表 6-3　常见的资源记录类型及说明

资源记录类型	类型字段说明
SOA(start of authority)	初始授权记录,用于表示一个区域的开始。SOA 记录后的所有信息均是用于控制这个区域的。每个区域数据库文件都必须包含一个 SOA 记录,并且必须是其中的第一个资源记录,用于标识 DNS 服务器所管理的起始位置
NS(Name Server)	名称服务器记录,用于标识一个区域的 DNS 服务器
A(Address)	主机记录,也称为 Host 记录,实现正向解析,建立 DNS 名称到 IP 地址的映射,用于正向解析
CNAME(Canonical NAME)	CNAME(规范名称)记录,也称为别名(Alias)记录,定义 A 记录的别名,用于将 DNS 域名映射到另一个主要的或规范的名称,该名字可能为 Internet 中规范的名称,如 www
PTR(domain name PoinTeR)	指针记录,实现反向解析,建立 IP 地址到 DNS 名称的映射
MX(Mail exchanger)	MX(邮件交换器)记录。用于指定交换或者转发邮件信息的服务器(该服务器知道如何将邮件传送到最终目的地)

标准的资源记录具有其基本格式:

```
[name]  [ttl]  IN  type  rdata
```

说明如下。

name:名称字段名,此字段是资源记录引用的域对象名,可以是一台单独的主机也可以是整个域。name 字段可以有 4 种取值,即"·"表示根域;"@"表示默认域,即当前域;"标准域名"或是以"."结束的域名,或是一个相对域名;"空(空值)"表示该记录适用于最后一个带有名字的域对象。

ttl(time to live):生存时间字段,它以秒为单位定义该资源记录中的信息存放在 DNS 缓存中的时间长度。通常此字段值为空,表示采用 SOA 记录中的最小 ttl 值。

IN:此字段用于将当前资源记录标识为一个 Internet 的 DNS 资源记录。

type:类型字段,用于标识当前资源记录的类型。

rdata:数据字段,用于指定与当前资源记录有关的数据,数据字段的内容取决于类型字段。

6.2　项目设计与准备

1. 部署需求

在部署 DNS 服务器前需满足以下要求。

- 设置 DNS 服务器的 TCP/IP 属性,手工指定 IP 地址、子网掩码、默认网关和 DNS 服务器地址等。
- 部署域环境,域名为 long.com。

2. 部署环境

任务的所有实例部署在同一个网络环境下，DNS1、DNS2、DNS3、DNS4 是 4 台不同角色的 DNS 服务器，操作系统是 Windows Server 2016。Client 是 DNS 客户端，操作系统是 Windows Server 2016 或 Windows 10。5 台计算机的详细信息如图 6-5 所示。

角色：主DNS服务器、域控制器
主机名：DNS1
IP地址：192.168.10.1/24
首选DNS：192.168.10.1
(注：备用DNS会根据任务不同而不同)

角色：唯缓存DNS服务器
或辅助DNS服务器
smile.con域的存根区域
主机名：DNS2
IP地址：192.168.10.2/24
首选DNS：192.168.10.2
备用DNS：192.168.10.1
(注：根据测试场景不同，备用DNS也会不同)

角色：子域委派DNS服务器、子域控制器
子域：china.long.com
主机名：DNS3
IP地址：192.168.10.3/24
首选DNS：192.168.10.3
备用DNS：192.168.10.1

角色：DNS客户端
主机名：Client
IP地址：192.168.10.10/24
DNS：192.168.10.1
(注：根据测试场景不同，DNS地址也会不同)

角色：DNS服务器、smile.com域控制器
主机名：DNS4
IP地址：192.168.10.4/24
首选DNS：192.168.10.4
备用DNS：192.168.10.2

图 6-5　架设 DNS 服务器网络拓扑图

在实训中需要说明以下三点。

（1）这是全部 DNS 实训的拓扑图，在单个实训中，如果有些计算机不需要，可以挂起或关闭，以免影响实训响应效率，请读者灵活处理。

（2）唯缓存 DNS 服务器和辅助 DNS 服务器，通常没法同时承担。本实例仅是为了提高实训效率，才这样做安排。

（3）所有虚拟机的网络连接方式都设置为 VMnet1(仅主机模式)。

6.3　项目实施

添加 DNS
服务器

任务 6-1　添加 DNS 服务器

设置 DNS 服务器的首要任务就是建立 DNS 区域和域的树状结构。DNS 服务器以区域为单位来管理服务。区域是一个数据库，用来链接 DNS 名称和相关数据，如 IP 地址和网络服务，在 Internet 环境中一般用二级域名来命名，如 computer.com。而 DNS 区域分为两类：一类是正向搜索区域，即域名到 IP 地址的数据库，用于提供将域名转换为 IP 地址的服务；另一类是反向搜索区域，即 IP 地址到域名的数据库，用于提供将 IP 地址转换为域名的服务。

1. 添加 DNS 服务器角色

在添加 Active Directory 域服务角色时，可以选择一起添加 DNS 服务器角色，如果没有

添加,那么可以在计算机 DNS1 上通过"服务器管理器"控制台安装 DNS 服务器角色。具体步骤如下。

(1) 选择"服务器管理器"→"仪表板"→"添加角色和功能"命令,持续单击"下一步"按钮,直到打开如图 6-6 所示的"选择服务器角色"对话框时选中"DNS 服务器"复选框,单击"添加功能"按钮。

图 6-6 "选择服务器角色"对话框

(2) 持续单击"下一步"按钮,最后单击"安装"按钮,开始安装 DNS 服务器。安装完毕,单击"关闭"按钮,完成 DNS 服务器角色的添加。

2. DNS 服务的停止和启动

要启动或停止 DNS 服务,可以使用 net 命令、"DNS 管理器"控制台或"服务"控制台,具体步骤如下。

1) 使用 net 命令

以域管理员账户登录 DNS1 计算机,在命令提示符下输入命令 net stop dns 停止 DNS 服务,输入命令 net start dns 启动 DNS 服务。

2) 使用"DNS 管理器"控制台

选择"服务器管理器"窗口中的"工具"→DNS 命令,打开"DNS 管理器"窗口,在左窗格中在服务器 DNS1 项上右击,在弹出的快捷菜单中选择"所有任务"→"停止"或"暂停"或"重新启动"命令,即可停止或启动 DNS 服务,如图 6-7 所示。

3) 使用"服务"控制台

选择"服务器管理器"窗口中的"工具"→"服务"→DNS 命令,打开"服务"控制台,找到 DNS Server 服务,选择"启动"或"停止"命令即可启动或停止 DNS 服务。

图 6-7 "DNS 管理器"窗口

任务 6-2 部署主 DNS 服务器的 DNS 区域

部署主 DNS
服务器的
DNS 区域

本任务中的 DNS1 已经安装了"Active Directory 域服务"和"DNS 服务器"角色和功能。因为在实际应用中,DNS 服务器一般会与活动目录区域集成,所以当安装完成 DNS 服务器并新建区域后,直接提升该服务器为域控制器,将新建区域更新为活动目录集成区域。

1. 创建正向查找主要区域

在 DNS 服务器上创建正向查找主要区域 long.com,具体步骤如下。

(1) 在 DNS1 上,在"服务器管理器"窗口中选择"工具"→DNS 命令,打开 DNS 管理器控制台,展开 DNS 服务器目录树,如图 6-8 所示。右击"正向查找区域"选项,在弹出的快捷菜单中选择"新建区域"命令,弹出"新建区域向导"对话框。

图 6-8 DNS 管理器

（2）单击"下一步"按钮，打开如图 6-9 所示的"区域类型"对话框，用来选择要创建的区域的类型，有"主要区域""辅助区域"和"存根区域"三种。若要创建新的区域，应当选中"主要区域"单选按钮。

图 6-9　新建正向查找区域时选择区域类型

　　　　如果当前 DNS 服务器上安装了 Active Directory 服务，则"在 Active Directory 中存储区域"复选框将自动选中。

（3）单击"下一步"按钮，在打开的对话框的"区域名称"文本框中设置要创建的区域名称，如 long.com，如图 6-10 所示。区域名称用于指定 DNS 名称空间的部分，由此实现 DNS 服务器管理。

（4）单击"下一步"按钮，在打开的对话框中创建区域文件：long.com.dns，如图 6-11 所示。

（5）单击"下一步"按钮，在打开的对话框中选中"允许非安全和安全动态更新"选项，如图 6-12 所示。

　　　　由于会将 long.com 区域更新为活动目录集成区域，所以这里一定不能选择"不允许动态更新"，否则无法更新为活动目录集成区域。

（6）单击"下一步"按钮，在打开的对话框中提示新建区域摘要。单击"完成"按钮，完成区域创建。

图 6-10　区域名称

图 6-11　区域文件

注意　　如果是活动目录集成的区域,不指定区域文件,否则指定区域文件 long.com.dns。

图 6-12 允许非安全和安全动态更新

2. 创建反向查找区域

反向查找区域用于通过 IP 地址来查询 DNS 名称。创建的具体过程如下。

(1) 在 DNS 控制台中,选择并在"反向查找区域"项上右击,在弹出的快捷菜单中选择 "新建区域"命令,打开"新建区域向导"对话框,并在区域类型中选中"主要区域"选项(见 图 6-13)。

图 6-13 新建反向查找区域时选择区域类型

（2）在选择"反向查找区域名称"的对话框中，选中"IPv4 反向查找区域"选项，如图 6-14 所示。

图 6-14　反向查找区域名称—IPv4 反向查找区域

（3）在如图 6-15 所示的对话框中输入网络 ID 或者反向查找区域名称，本例中输入的是网络 ID，区域名称根据网络 ID 自动生成。例如，当输入网络 ID 为 192.168.10.时，反向查找区域的名称自动为 10.168.192.in-addr.arpa。

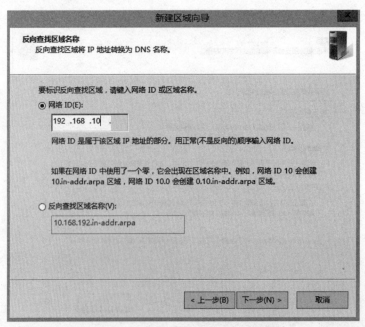

图 6-15　反向查找区域名称—网络 ID

（4）单击"下一步"按钮，在打开的对话框中选中"允许非安全和安全的动态更新"选项。

（5）单击"下一步"按钮，打开提示新建区域摘要的对话框。单击"完成"按钮，完成区域创建。图 6-16 所示为创建后的效果。

图 6-16　创建正、反向区域后的 DNS 管理器

3. 创建资源记录

DNS 服务器需要根据区域中的资源记录提供该区域的名称解析。因此，在区域创建完成之后，需要在区域中创建所需的资源记录。

1）创建主机记录

创建 DNS2 对应的主机记录。

（1）以域管理员账户登录 DNS1 计算机，打开 DNS 管理控制台，在左窗格中选中要创建资源记录的正向主要区域 long.com，然后在右窗格空白处右击，或右击要创建资源记录的正向查找主要区域，在弹出的快捷菜单中选择相应命令即可创建资源记录，如图 6-17 所示。

图 6-17　创建资源记录

（2）选择"新建主机"命令，打开"新建主机"对话框，通过此对话框可以创建 A 记录，如图 6-18 所示。

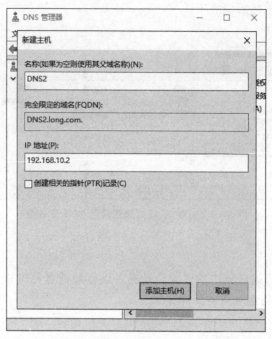

图 6-18　创建 A 记录

① 在"名称"文本框中输入 A 记录的名称，该名称即为主机名，本例为 DNS2。

② 在"IP 地址"文本框中输入该主机的 IP 地址，本例为 192.168.10.2。

③ 若选中"创建相关的指针（PTR）记录"复选框，则在创建 A 记录的同时，可在已经存在的相对应的反向查找主要区域中创建 PTR 记录。若之前没有创建对应的反向查找主要区域，则不能成功创建 PTR 记录。本例不选中该复选框，后面单独建立 PTR 记录。

（3）用同样的方法新建 DNS1 主机（A）记录，IP 地址是 192.168.10.1。

2）创建别名记录

DNS1 同时还是 Web 服务器，为其设置别名 www。步骤如下。

（1）在如图 6-17 所示的窗口中选择"新建别名（CNAME）"命令，打开并选中"新建资源记录"对话框中的"别名（CNAME）"选项卡，通过此选项卡可以创建 CNAME 记录，如图 6-19 所示。

（2）在"别名"文本框中输入一个规范的名称（本例为 www），单击"浏览"按钮，选中起别名的目的服务器域名（本例为 DNS1.long.com）。或者直接输入目的服务器的名字。在"目标主机的完全合格的域名（FQDN）"文本框中，输入需要定义别名的完整 DNS 域名。

3）创建邮件交换器记录

当将邮件发送到邮件服务器（SMTP 服务器）后，此邮件服务器必须将邮件转发到目的地的邮件服务器，但是邮件服务器如何得知目的地的邮件服务器的 IP 地址呢？

答案是向 DNS 服务器查询 MX 这条资源记录，因为 MX 记录着负责某个域邮件接收的邮件服务器（见图 6-20）。

新建资源记录

别名(CNAME)

别名(如果为空则使用父域)(S):

www

完全限定的域名(FQDN)(U):

www.long.com.

目标主机的完全合格的域名(FQDN)(F):

DNS1.long.com   浏览(B)...

确定   取消

图 6-19 创建 CNAME 记录

jackie@smile.com给mary@long.com发送电子邮件的流程

图 6-20 发送电子邮件流程

DNS2 同时还是 E-mail 服务器。如图 6-17 所示,选择"新建邮件交换器(MX)"命令,将打开并选中"新建资源记录"对话框中的"邮件交换器(MX)"选项卡,通过此选项卡可以创建 MX 记录,如图 6-21 所示。

(1) 在"主机或子域"文本框中输入 MX 记录的名称,该名称将与所在区域的名称一起构成邮件地址中"@"右面的后缀。例如,邮件地址为 yy@long.com,则应将 MX 记录的名称设置为空(使用其中所属域的名称 long.com);如果邮件地址为 yy@mail.long.com,则应输

图 6-21　创建 MX 记录

入 mail 为 MX 记录的名称记录。本例输入 mail。

（2）在"邮件服务器的完全限定的域名（FQDN）"文本框中，输入该邮件服务器的名称（此名称必须是已经创建的对应于邮件服务器的 A 记录）。本例为 DNS2.long.com。

（3）在"邮件服务器优先级"文本框中设置当前 MX 记录的优先级。如果存在两个或更多的 MX 记录，则在解析时将首选优先级高的 MX 记录。

4）创建指针记录

（1）以域管理员账户登录 DNS1 计算机，打开"DNS 管理器"窗口。

（2）在左窗格中选择要创建资源记录的反向查找主要区域 10.168.192.in-addr.arpa，然后在右窗格空白处右击，或右击要创建资源记录的反向查找主要区域，在弹出的快捷菜单中选择"新建指针（PTR）"命令（见图 6-22），在打开的"新建资源记录"对话框的"指针（PTR）"选项卡中即可创建 PTR 记录（见图 6-23）。同理创建192.168.10.1 的指针记录。

（3）资源记录创建完成之后，在 DNS 管理控制台和区域数据库文件中都可以看到这些资源记录，如图 6-24 所示。

注意

　　如果区域是和 Active Directory 域服务集成，那么资源记录将保存到活动目录中；如果不是和 Active Directory 域服务集成，那么资源记录将保存到区域文件。默认 DNS 服务器的区域文件存储在"C:\windows\system32\dns"下。若不集成活动目录，则本例正向区域文件为 long.com.dns，反向区域文件为 10.168.192.in-addr.arpa.dns。这两个文件可以用记事本打开。

图 6-22 创建 PTR 记录(1)

图 6-23 创建 PTR 记录(2)

图 6-24　通过 DNS 管理控制台查看反向区域中的资源记录

4. 将 long.com 区域更新为活动目录集成区域

将该服务器提升为域控制器，完成后的 DNS 服务器如图 6-25 所示。

图 6-25　活动目录集成区域 long.com

配置 DNS 客户端并测试主 DNS 服务器

任务 6-3　配置 DNS 客户端并测试主 DNS 服务器

可以通过手工方式配置 DNS 客户端，也可以通过 DHCP 自动配置 DNS 客户端（要求 DNS 客户端是 DHCP 客户端）。

1. 配置 DNS 客户端

（1）以管理员账户登录 DNS 客户端计算机 Client，打开"Internet 协议版本 4（TCP/IPv4）属性"对话框，在"首选 DNS 服务器"编辑框中设置所部署的主 DNS 服务器 DNS1 的 IP 地址为 192.168.10.1，单击"确定"按钮。

（2）通过 DHCP 自动配置 DNS 客户端。

2. 测试 DNS 服务器

部署完主 DNS 服务器并启动 DNS 服务后，应该对 DNS 服务器进行测试，最常用的测试工具是 nslookup 和 ping 命令。

nslookup 命令是用来进行手动 DNS 查询的最常用工具,可以判断 DNS 服务器是否工作正常。如果有故障,可以判断可能的故障原因。它的一般命令用法如下:

```
nslookup [- option...] [host to find] [server]
```

这个工具可以用于两种模式:非交互模式和交互模式。

1) 非交互模式

非交互模式需从命令行输入完整的命令如 nslookup www.long.com,如图 6-26 所示。

图 6-26　非交互模式测试 DNS 服务器配置

2) 交互模式

输入 nslookup 并按 Enter 键,不需要参数,就可以进入交互模式。在交互模式下,直接输入 FQDN 进行查询。

任何一种模式都可以将参数传递给 nslookup,但在域名服务器出现故障时更多地使用交互模式。在交互模式下,可以在提示符>下输入 help 或"?"命令来获得帮助信息。

下面在客户端 Client 的交互模式下,测试上面部署的 DNS 服务器。

(1) 打开 PowerShell 或者在"运行"对话框中输入 CMD 命令,在命令提示符下输入 nslookup,如图 6-27 所示。

图 6-27　进入 nslookup 交互模式测试 DNS 服务器配置

(2) 测试主机记录,如图 6-28 所示。

(3) 测试正向解析的邮件交换记录,如图 6-29 所示。

图 6-28　测试主机记录

图 6-29　测试正向解析的邮件交换记录

（4）测试 MX 记录，如图 6-30 所示。

```
> set type=MX
> 1ong.com
服务器: DNS1.1ong.com
Address:  192.168.10.1

1ong.com
        primary name server = dns1.1ong.com
        responsible mail addr = hostmaster.1ong.com
        serial  = 26
        refresh = 900 (15 mins)
        retry   = 600 (10 mins)
        expire  = 86400 (1 day)
        default TTL = 3600 (1 hour)
```

图 6-30　测试 MX 记录

　　　set type 表示设置查找的类型。set type＝MX 表示查找邮件服务器记录；set type＝cname 表示查找别名记录；set type＝A 表示查找主机记录；set type＝PTR 表示查找指针记录；set type＝NS 表示查找区域。

（5）测试指针记录，如图 6-31 所示。

（6）查找区域信息，结束退出 nslookup 环境，如图 6-32 所示。

```
> set type=PTR
> 192.168.10.1
服务器: DNS1.1ong.com
Address:  192.168.10.1

1.10.168.192.in-addr.arpa        name = DNS1.1ong.com
> 192.168.10.2
服务器: DNS1.1ong.com
Address:  192.168.10.1

2.10.168.192.in-addr.arpa        name = DNS2.1ong.com
```

图 6-31　测试指针记录

```
> set type=NS
> 1ong.com
服务器: DNS1.1ong.com
Address:  192.168.10.1

1ong.com        nameserver = dns1.1ong.com
dns1.1ong.com   internet address = 192.168.10.1
> exit
PS C:\Users\Administrator>
```

图 6-32　查找区域信息

　　　可以利用"ping 域名或 IP 地址"简单测试 DNS 服务器与客户端的配置，读者不妨试一试。

3. 管理 DNS 客户端缓存

（1）打开 PowerShell 或者在"运行"对话框中输入 CMD 命令，打开命令提示符窗口。

（2）查看 DNS 客户端缓存。

```
C:\> ipconfig /displaydns
```

（3）清空 DNS 客户端缓存。

```
C:\> ipconfig /flushdns
```

任务 6-4   部署唯缓存 DNS 服务器

部署唯缓存
DNS 服务器

尽管所有的 DNS 服务器都会缓存其已解析的结果，但唯缓存 DNS 服务器是仅执行查询、缓存解析结果的 DNS 服务器，不存储任何区域数据库。唯缓存 DNS 服务器对于任何域来说都不是权威的，并且它所包含的信息仅限于解析查询时已缓存的内容。

当唯缓存 DNS 服务器初次启动时，并没有缓存任何信息，只有在响应客户端请求时才开始缓存信息。如果 DNS 客户端位于远程网络，且该远程网络与主 DNS 服务器（或辅助 DNS 服务器）所在的网络通过慢速广域网链路进行通信，则在远程网络中部署唯缓存 DNS 服务器是一种合理的解决方案。因此，一旦在唯缓存 DNS 服务器（或辅助 DNS 服务器）上建立了缓存，其与主 DNS 服务器的通信量便会减少。此外，唯缓存 DNS 服务器不需要执行区域传输，因此不会出现因区域传输而导致网络通信量的增大等问题。

1. 部署唯缓存 DNS 服务器的需求和环境

本任务部署的网络环境如图 6-33 所示。DNS2 为 DNS 转发器，仅安装 DNS 服务角色和功能，不创建任何区域。DNS2 的 IP 地址为 192.168.10.2，首选 DNS 服务器是 192.168.10.1，该计算机是 Windows Server 2016 的独立服务器。

角色：DNS服务器
主机名：DNS1
IP地址：192.168.10.1/24
DNS：192.168.10.1

角色：唯缓存DNS服务器
主机名：DNS2
IP地址：192.168.10.2/24
首选DNS：192.168.10.2
备用DNS：192.168.10.1

角色：DNS客户端
主机名：Client
IP地址：192.168.10.10/24
DNS：192.168.10.2

图 6-33   配置 DNS 转发器网络拓扑图

2. 配置 DNS 转发器

1）更改客户端 DNS 服务器 IP 地址指向

（1）登录 DNS 客户端计算机 Client，将其首选 DNS 服务器指向 192.168.10.2，备用 DNS 服务器设置为空。

（2）打开命令提示符，输入 ipconfig/flushdns 命令清空客户端计算机 Client 上的缓存。输入 ping www.long.com 命令发现不能解析，因为该记录存在于服务器 DNS1 上，不存在于服务器 192.168.10.2 上。

2）在唯缓存 DNS 服务器上安装 DNS 服务并配置 DNS 转发器

（1）以具有管理员权限的用户账户登录将要部署唯缓存 DNS 服务器的计算机 DNS2。

（2）添加"DNS 服务器"角色和功能。

（3）打开"DNS 管理"窗口，在左窗格中右击 DNS 服务器 DNS2 选项，在弹出的快捷菜单中选择"属性"命令。

（4）在打开的"DNS2 属性"对话框中单击选中"转发器"选项卡，如图 6-34 所示。

图 6-34 "转发器"选项卡

（5）单击"编辑"按钮，打开"编辑转发器"对话框。在"转发服务器的 IP 地址"选项区域中添加需要转发到的 DNS 服务器地址为 192.168.10.1，该计算机能解析到相应服务器的完全合格域名（fully qualified domain name，FQDN），如图 6-35 所示。最后单击"确定"按钮即可。

（6）采用同样的方法，根据需要配置其他区域的转发。

3. "根提示"服务器

注意如图 6-34 所示的"如果没有转发器可用，请使用根提示"复选框。那么什么是根提示呢？

根提示内的 DNS 服务器就是如图 6-1 所示根（root）内的 DNS 服务器，这些服务器的名称与 IP 地址等数据存储在％Systemroot％\System32\DNS\cache.dns 文件中，也可以在 DNS 控制台中右击服务器，在弹出的快捷菜单中选择"属性"命令，单击选中如图 6-36 所示的"根提示"选项卡来查看这些信息。

可以在根提示选项卡下添加、编辑与删除 DNS 服务器，这些数据变化会被存储到 cache.dns 文件内，也可以单击如图 6-36 所示的"从服务器复制"按钮，从其他 DNS 服务器复

图 6-35　添加解析转达请求的 DNS 服务器的 IP 地址

图 6-36　根提示

制根提示。

当 DNS 服务器收到 DNS 客户端的查询请求后，如果要查询的记录不在其所管辖的区域内（或不在缓存区内），那么此 DNS 服务器默认会转向根提示内的 DNS 服务器查询。如果企业内部拥有多台 DNS 服务器，可能会出于安全考虑而只允许其中一台 DNS 服务器可以直接与外界 DNS 服务器通信，并让其他 DNS 服务器将查询请求委托给这一台 DNS 服务器来负责，也就是说这一台 DNS 服务器是其他 DNS 服务器的转发器（forwarder）。

4. 测试唯缓存 DNS 服务器

在客户端 Client 上打开命令提示符窗口，使用 nslookup 命令测试唯缓存 DNS 服务器，如图 6-37 所示。

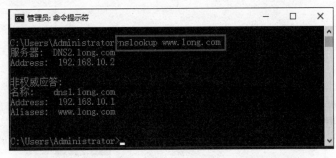

图 6-37　在客户端 Client 上测试唯缓存 DNS 服务器

部署辅助
DNS 服务器

任务 6-5　部署辅助 DNS 服务器

辅助区域用来存储此区域内的副本记录，这些记录是只读的，不能修改。下面来练习建立辅助区域，辅助 DNS 服务器配置如图 6-38 所示。

图 6-38　辅助 DNS 服务器配置

在 DNS2 建立一个辅助区域 long.com，此区域内的记录是从其主服务器 DNS1 通过区域传送复制过来的。

（1）DNS1 仍沿用任务 6-4 的 DNS 服务器，确保已经建立了 A 资源记录（FQDN 为 DNS2. long.com，IP 地址为 192.168.10.2）。首选 DNS 是其本身，备用 DNS 是 192.168. 10.2。

（2）DNS2 仍沿用任务 6-4 的 DNS 服务器，但是将转发器删除。首选 DNS 是 192.168. 10.2，备用 DNS 是 192.168.10.1。

1. 新建辅助区域（DNS2）

在 DNS2 上新建辅助区域，并设置让此区域从 DNS1 复制区域记录。

（1）在 DNS2 上选择"服务器管理器"→"添加角色和功能"命令，在选择添加角色和功能时选中"DNS 服务器"选项，按向导在 DNS2 上完成安装 DNS 服务器。

（2）在 DNS2 上打开"服务器管理器"窗口，选择"工具"→DNS 命令，右击"正向查找区域"选项，在弹出的快捷菜单中选择"新建区域"命令，在弹出的对话框中单击"下一步"按钮。

（3）如图 6-39 所示，选中"辅助区域"选项，单击"下一步"按钮。

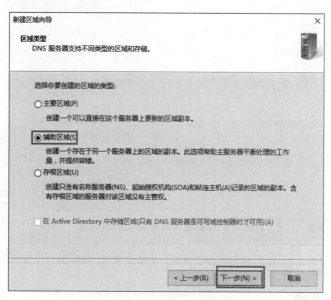

图 6-39　新建区域向导

（4）如图 6-40 所示，输入区域名称 long.com，单击"下一步"按钮。

（5）如图 6-41 所示，输入主服务器（DNS1）的 IP 地址后按 Enter 键，单击"下一步"按钮，在弹出的对话框中单击"完成"按钮。

（6）重复步骤（2）～步骤（5），新建"反向查找区域"的辅助区域。操作类似，不再赘述。

2. 确认 DNS1 是否允许区域传送（DNS1）

如果 DNS1 不允许将区域记录传送给 DNS2，那么 DNS2 向 DNS1 提出区域传送请求时会被拒绝。下面先设置让 DNS1 允许区域传送给 DNS。

（1）在 DNS1 上单击"开始"菜单按钮，在弹出的快捷菜单中选择"Windows 管理工具"→DNS→long.com→"属性"命令，打开"long.com 属性"对话框，如图 6-42 所示。

（2）选中"区域传送"选项卡下的"允许区域传送"选项，选中"只允许到下列服务器"选项，单击"编辑"按钮，选择 DNS2 的 IP 地址，如图 6-43 所示。

提示　　也可以选中所有服务器，此时它将接受其他任何一台 DNS 服务器所提出的区域传送请求，建议不要选择此选项，因为此区域记录将被轻易地传送到其他外部 DNS 服务器。

图 6-40　新建区域向导—区域名称

图 6-41　新建区域向导—主 DNS 服务器

图 6-42 选中 long.com 属性

图 6-43 long.com 属性的"区域传送"选项卡

（3）输入 DNS2 的 IP 地址后，按 Enter 键，单击"确定"按钮，如图 6-44 所示。

注意　　DNS1 会通过反向查询来尝试解析拥有此 IP 地址的 DNS 主机名——完全限定域名。如果没有反向查找区域可供查询，则会显示无法解析的警告信息，此时可以不必理会此信息，它并不会影响到区域传送。本例中我们已事先建好了 PTR 指针。

图 6-44　允许区域传送

（4）单击"确定"按钮完成区域传送设置。类似地，重复步骤（1）～步骤（4），允许"反向查找区域"向 DNS2 进行区域传送。

3. 测试辅助 DNS 设置是否成功（DNS2）

（1）回到 DNS2 服务器。在 DNS2 上打开 DNS 控制台，如图 6-45 和图 6-46 所示，界面中正向查找区域 long.com 和反向查找区域 10.168.192.in.addr.arpa 的记录是自动从其主服务器 DNS1 复制过来的（如果不能正常复制，可以重启 DNS2）。

图 6-45　自动从其主服务器 DNS1 复制正向查找区域数据

图 6-46　自动从其主服务器 DNS1 复制反向查找区域数据

　　　　如果设置都正确，但一直都看不到这些记录，请单击选中区域 long.com 后按 F5 键刷新，如果仍看不到，请将"DNS 管理器"窗口关闭再重新打开，或者重新启动 DNS2 计算机。

（2）存储辅助区域的 DNS 服务器默认会每隔 15 分钟自动向主服务器请求执行区域传送的操作。也可以选中并在辅助区域项上右击，在弹出的快捷菜单中选择"从主服务器传输"或"从主服务器传送区域的新副本"命令来手动要求执行区域传送，如图 6-47 所示。

图 6-47　手动执行区域传送

① 从主服务器传输：它会执行常规的区域传送操作，也就是依据 SOA 记录内的序号如判断在主服务器内有新版本记录，就会执行区域传送。

② 从主服务器传送区域的新副本：不理会 SOA 记录的序号，重新从主服务器复制完整的区域记录。

如果发现记录存在异常，可以尝试选中并在区域项上右击，在弹出的快捷菜单中选择"重新加载"命令来从区域文件重载记录。

请在 DNS1 上新建 DNS2 的 PTR 指针，同时设置允许反向区域传送给 DSN2。设置完成后，检查 DNS2 服务器的反向区域是否复制成功。

部署委派域

任务 6-6　部署委派域

1. 部署子域和委派的需求和环境

本任务的所有实例部署在如图 6-48 所示的网络环境。在原有网络环境下增加主机名为 DNS3 的委派 DNS 服务器，其 IP 地址为 192.168.10.3，首选 DNS 服务器是 192.168.10.1，该计算机是子域控制器，同时也是 DNS 服务器。

图 6-48　配置 DNS 委派网络拓扑图

2. 区域委派

DNS 名称解析是通过分布式结构来管理和实现的，它允许将 DNS 名称空间根据层次结构分割成一个或多个区域，并将这些区域委派给不同的 DNS 服务器进行管理。例如，某区域的 DNS 服务器（以下称"委派服务器"）可以将其子域委派给另一台 DNS 服务器（以下称"受委派服务器"）全权管理，由受委派服务器维护该子域的数据库，并负责响应针对该子域的名称解析请求。而委派服务器则无须进行任何针对该子域的管理工作，也无须保存该子域的数据库，只需保留到达受委派服务器的指向，即当 DNS 客户端请求解析该子域的名称时，委派服务器将无法直接响应该请求，但其明确知道应由哪个 DNS 服务器（即受委派服务器）来响应该请求。

采用区域委派可有效地实现负载均衡。将子域的管理和解析任务分配到各个受委派服器,可以大幅度降低父级或顶级域名服务器的负载,提高解析效率。同时,通过这种分布式结构,使得真正提供解析的受委派服务器更接近于客户端,从而减少了带宽资源的浪费。

部署区域委派需要在委派服务器和受委派服务器中都进行必要的配置。

如图 6-48 所示,在受委派的 DNS 服务器 DNS3 上创建主区域 china.long.com,并且在该区域中创建资源记录,然后在委派的 DNS 服务器 DNS1 上创建委派区域 china。具体步骤如下。

1) 配置受委派服务器

(1) 使用具有管理员权限的用户账户登录受委派服务器 DNS3。

(2) 在受委派服务器上安装 DNS 服务器。

(3) 在受委派服务器 DNS3 上创建正向查找主要区域 china.long.com(正向查找主要区域的名称必须与受委派区域的名称相同),如图 6-49 和图 6-50 所示。

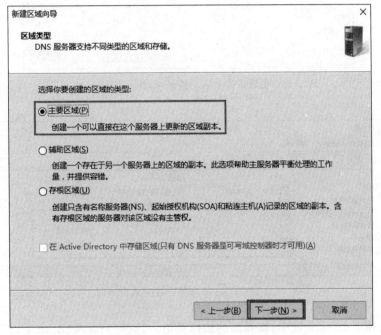

图 6-49　创建正向查找主要区域 china.long.com(1)

(4) 在受委派服务器 DNS3 上创建反向查找主要区域 10.168.192.addr.arpa。

(5) 创建区域完成后,新建资源记录,如建立主机 Client.china.long.com,对应 IP 地址是 192.168.10.10,DNS3.china.long.com 对应 IP 地址是 192.168.10.3(必须新建)。MS2 是新建的测试记录。完成后如图 6-51 所示。

2) 配置委派服务器

委派服务器 DNS1 将在 long.com 中新建 china 委派域,将其委派给 DNS3(IP:192.168.10.3)进行管理。

(1) 使用具有管理员权限的用户账户登录委派服务器 DNS1。

(2) 打开 DNS 管理控制台,在区域 long.com 下创建 DNS3 的主机记录,该主机记录是被委派 DNS 服务器的主机记录(DNS3.long.com 对应的 IP 地址是 192.168.10.3)。

图 6-50　创建正向查找主要区域 china.long.com（2）

图 6-51　DNS 管理器设置完成后界面

（3）右击域 long.com 选项，在弹出的快捷菜单中选择"新建委派"命令，打开"新建委派向导"对话框。

（4）单击"下一步"按钮，将打开要指定受委派域名"新建委派向导"对话框，在此对话框中指定要委派给受委派服务器进行管理的域名 china，如图 6-52 所示。

（5）单击"下一步"按钮，将打开指定名称服务器"新建委派向导"对话框，在此对话框中指定受委派服务器，单击"添加"按钮，将打开"新建名称服务器记录"对话框，在"服务器完全限定的域名（FQDN）"文本框中输入被委派计算机的主机记录的完全合格域名 DNS3.china.long.com，在"IP 地址"文本框中输入被委派 DNS 服务器的 IP 地址 192.168.10.3 后按 Enter 键，如图 6-53 所示。然后单击"确定"按钮。注意，由于目前无法解析到 DNS3.china.long.com 的 IP 地址，因此输入主机名后不要单击"解析"按钮。

（6）单击"确定"按钮，将返回指定名称服务器"新建委派向导"对话框，从中可以看到受委派服务器，如图 6-54 所示。

图 6-52 指定受委派域名

图 6-53 添加受委派服务器

(7) 单击"下一步"按钮,将打开提示完成的"新建委派向导"对话框,单击"完成"按钮,将返回 DNS 管理控制台。在 DNS 管理控制台可以看到已经添加的委派子域 china。委派服务器配置完成,如图 6-55 所示(注意一定不要在该域上建立 china 子域)。

图 6-54　名称服务器

图 6-55　完成委派设置的界面

注意　受委派服务器必须在委派服务器中有一个对应的 A 记录,以便委派服务器指向受委派服务器。该 A 记录可以在新建委派之前创建,否则在新建委派时会自动创建。

3)将 DNS3 提升为子域控制器

需要说明的是,将 DNS3 提升为子域控制器在部署委派域时并不是必需的步骤。

(1)在 DNS3 上安装 Active Directory 域服务。

(2)然后升级为域控制器。当出现如图 6-56 所示的对话框时,选中"将新域添加到现有林"选项,选择域类型为"子域",父域为 long.com,子域为 china,单击"更改"按钮,输入域

long.com 的域管理员账户和密码,单击"确定"按钮。

图 6-56 子域的部署配置

(3)单击"下一步"按钮,直到完成安装,计算机自动重启。DNS3 成功升级为子域 china.long.com 的域控制器。

3. 测试委派

(1)使用具有管理员权限的用户账户登录客户端 Client。首选 DNS 服务器设为 192. 168.10.1。

(2)使用 nslookup 命令测试 Client.china.long.com。如果成功,说明 192.168.10.1 服务器到 192.168.10.3 服务器的委派成功,如图 6-57 所示。

图 6-57 委派成功

任务 6-7 部署存根区域

存根区域(stub zone)与委派域有点类似,但是此区域内只包含 SOA、NS 与粘连 A(记载授权服务器的 IP 地址)资源记录,利用这些记录可得知此区域的授权服务器。存根区域与委派域的主要差别如下。

(1)存根区域内的 SOA、NS 与 A 资源记录是从其主机服务器(此区域的授权服务器)

复制过来的,当主机服务器内的这些记录发生变化时,它们会通过区域转送的方式复制过来。存根区域的区域转送只会传送 SOA、NS 与 A 记录。其中的 A 资源记录用来记载授权服务器的 IP 地址,此 A 资源记录需要跟随 NS 记录一并被复制到存根区域,否则拥有存根区域的服务器无法解析到授权服务器的 IP 地址,这条 A 资源记录被称为 glue A 资源记录。

(2) 委派域内的 NS 记录是在执行委派操作时建立的,以后如果此域有新授权服务器,需由系统管理员手动将此新 NS 记录输入委派域内。

当有 DNS 客户端来查询(查询模式为递归查询)存根区域内的资源记录时,DNS 服务器会利用区域内的 NS 记录得知此区域的授权服务器,然后向授权服务器查询(查询模式为迭代查询)。如果无法从存根区域内找到此区域的授权服务器,那么 DNS 服务器会采用标准方式向根(root)查询。

部署存根
区域

1. 部署存根区域的需求和环境

如图 6-58 所示,将在 DNS2 建立一个正反向查找的存根区域 smile.com,并将此区域的查询请求转发给此区域的授权服务器 DNS4 来处理。

图 6-58 配置 DNS 存根区域网络拓扑图

(1) DNS2 可沿用前一节的 DNS 服务器,也可重新建立。DNS2 是独立服务器和 DNS 服务器,首选 DNS 设置为 192.168.10.2,备用 DNS 设置为 192.168.10.4。

(2) 建立另外一台 DNS 服务器,设定 IP 地址为 192.168.10.4/24 并将首选 DNS 设置为 192.168.10.4,备用 DNS 设置为 192.168.10.2,将计算机名称设置为 DNS4 并将完整计算机名称(FQDN)设定为 DNS4 后,重新启动计算机。

2. 确认是否允许区域传送

DNS2 的存根区域内的记录是从授权服务器 DNS4 利用区域传送复制过来的,如果 DNS4 不允许将区域记录传送给 DNS2,那么 DNS1 向 DNS4 提出区域传送请求时会被拒绝。我们先设置让 DNS4 可以将记录通过区域传送复制给 DNS2。下面在 DNS4 上操作。

(1) 以管理员身份登录 DNS4,同时安装 Active Directory 域服务并添加 DNS 服务器角色和功能。

(2) 升级 DNS4 为域控制器,域为 smile.com。

（3）打开 DNS 控制台，在 DNS4 内建立 smile.com 域的反向查找主要区域。

（4）在 smile.com 中新建多条用来测试的主机记录和 PTR 指针，如图 6-59 所示的 WIN10-1、WIN10-2、WIN10-3 等，并应包含 DNS4 自己的主机记录（系统自建）和 PTR 记录，接着单击选中区域 smile.com，单击属性图标按钮，在弹出的菜单中选择相应的新建主机记录命令。新建主机记录后，再新建相应的 PTR 记录。

图 6-59 选择 smile.com 域属性

（5）右击 smile.com 选项，在弹出的快捷菜单中选择"属性"命令，打开"smile.com 属性"对话框，单击选中"区域传送"选项卡，选中"区域传送"选项卡下的"允许区域传送"选项，选中"只允许到下列服务器"选项，单击"编辑"按钮以便选择 DNS2 的 IP 地址。

> **注意**　您也可以选中"到所有服务器"选项，此时它将接受其他任何一台 DNS 服务器所提出的区域传送要求，建议不要选择此选项，否则此区域记录将轻易地被传送到其他外部 DNS 服务器。

（6）输入 DNS2 的 IP 地址后直接按 Enter 键，单击"确定"按钮。注意它会通过反向查询来尝试解析拥有此 IP 地址的主机名（FQDN），如果服务器 DNS4 没有反向查找区域可供查询，会显示无法解析的警告消息，但它并不会影响到区域传送。本例中第一步就要求已经建立了反向查找的主要区域，而新建主机记录的同时要新建 PTR 指针。请读者不用理会警告信息，如图 6-60 所示。

（7）依次单击"确定"→"应用"→"确定"按钮。

（8）类似地，右击如图 6-59 所示的反向查找区域的 10.168.192.in-addr.arpa，在弹出的对话框中选择"属性"命令，打开其属性对话框，重复步骤（3）～步骤（5），设置让 DNS4 可以将反向查找区域的记录通过区域传送复制给 DNS2。

3. 建立存根区域

到 DNS2 上创建存根区域 smile.com，并让它从 DNS4 复制区域记录。

图 6-60　允许区域传送

(1) 在 DNS2 上选择"开始"→"Windows 管理工具"→DNS 命令,打开"DNS 管理器"窗口,选中并在正向查找区域上右击,在弹出的快捷菜单中选择"新建区域"命令。

(2) 出现"欢迎使用新建区域向导"界面时,单击"下一步"按钮。

(3) 如图 6-61 所示,选中"存根区域"后,单击"下一步"按钮。

图 6-61　区域类型—存根区域

（4）如图 6-62 所示，输入区域名称 smile.com 后，单击"下一步"按钮。

图 6-62   区域名称 smile.com

（5）出现输入区域文件的对话框时，直接单击"下一步"按钮，以采用默认的区域文件名。

（6）如图 6-63 所示输入主服务器 DNS4 的 IP 地址后按 Enter 键，单击"下一步"按钮。

注意   它会通过反向查询来尝试解析拥有此 IP 地址的主机名（FQDN）。若无反向查找区域可供查询或反向查询区域内并没有此记录，则会显示无法解析的警告消息。此时可以不必理会此信息，它并不会影响到区域传送。

图 6-63   主 DNS 服务器

（7）出现提示"正在完成新建区域向导"的对话框时单击"完成"按钮。

（8）类似地，新建反向查找区域，重复步骤（1）～步骤（7）。

（9）如图 6-64 所示的 smile.com 就是所建立的存根区域的正向查找区域，其下面的 SOA、NS 与记载着授权服务器 IP 地址的 A 资源记录是自动由其主机服务器 DNS4 复制过来的。同样，DNS2 存根区域的反向查找区域也正确地从 DNS4 复制了过来。

图 6-64　存根区域

注意　　　如果确定所有配置都正确，但一直看不到这些记录，请单击选中区域 smile.com 后按 F5 键来刷新。如果仍然看不到，可以将 DNS 管理控制台关闭再重新打开。

存储存根区域的 DNS 服务器默认会每隔 15 分钟自动请求其主机服务器执行区域传送。也可以选中并在存根区域上右击，在弹出的快捷菜单中选择"从主服务器传输"或"从主服务器传送区域的新副本"命令来手动要求执行区域传送，不过它只会传送 SOA、NS 与记载着授权服务器 IP 地址的 A 资源记录。

（1）从主服务器传输：它会执行常规的区域传送操作，也就是依据 SOA 记录内的序号判断出在主机服务器内有新版本记录，就会执行区域传送。

（2）从主服务器传送区域的新副本：不理会 SOA 记录的序号，重新从主机服务器复制 SOA、NS 与记载着授权服务器 IP 地址的 A 资源记录。

4. 到客户端验证

现在可以利用 DNS 客户端 Client 来测试存根区域。Client 的 DNS 服务器设置为 192.168.10.2，利用 nslookup 工具来测试，如图 6-65 所示为成功得到 IP 地址的界面。

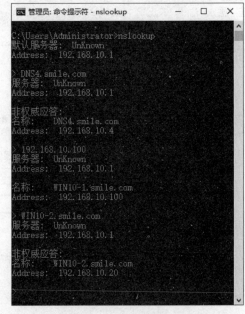

图 6-65　客户端验证结果

6.4　习题

1. 填空题

(1) ＿＿＿＿＿＿＿是一个用于存储单个 DNS 域名的数据库,是域名称空间树状结构的一部分,它将域名空间分区为较小的区段。

(2) DNS 顶级域名中表示官方政府单位的是＿＿＿＿＿＿＿。

(3) ＿＿＿＿＿＿＿表示邮件交换的资源记录。

(4) 可以用来检测 DNS 资源创建是否正确的两个工具是＿＿＿＿＿＿＿、＿＿＿＿＿＿＿。

(5) DNS 服务器的查询方式有＿＿＿＿＿＿＿、＿＿＿＿＿＿＿。

2. 选择题

(1) 某企业的网络工程师安装了一台基本的 DNS 服务器,用来提供域名解析。网络中的其他计算机都作为这台 DNS 服务器的客户机。他在服务器上创建了一个标准主要区域,在一台客户机上使用 nslookup 工具查询一个主机名称,DNS 服务器能够正确地将其 IP 地址解析出来。可是当使用 nslookup 工具查询该 IP 地址时,DNS 服务器却无法将其主机名称解析出来。请问应如何解决这个问题?(　　　)

    A. 在 DNS 服务器反向解析区域中,为这条主机记录创建相应的 PTR 指针记录

    B. 在 DNS 服务器区域属性上设置允许动态更新

    C. 在要查询的这台客户机上运行命令 ipconfig /registerdns

    D. 重新启动 DNS 服务器

(2) 在 Windows Server 2016 的 DNS 服务器上不可以新建的区域类型有(　　　)。

    A. 转发区域　　　　B. 辅助区域　　　　C. 存根区域　　　　D. 主要区域

(3) DNS 提供了一个(　　　)命名方案。

    A. 分级　　　　　　B. 分层　　　　　　C. 多级　　　　　　D. 多层

(4) DNS 顶级域名中表示商业组织的是(　　　)。

    A. COM　　　　　　B. GOV　　　　　　C. MIL　　　　　　D. ORG

(5) (　　　)表示别名的资源记录。

    A. MX　　　　　　　B. SOA　　　　　　C. CNAME　　　　　D. PTR

3. 简答题

(1) DNS 的查询模式有哪几种?

(2) DNS 的常见资源记录有哪些?

(3) DNS 的管理与配置流程是什么?

(4) DNS 服务器属性中的"转发器"的作用是什么?

(5) 什么是 DNS 服务器的动态更新?

4. 案例分析

某企业安装了自己的 DNS 服务器,为企业内部客户端计算机提供主机名称解析。然而企业内部的客户除了访问内部的网络资源外,还想访问 Internet 资源。作为企业的网络管理员,应该怎样配置 DNS 服务器?

6.5 实训项目 配置与管理 DNS 服务器实训

1. 实训目的
- 掌握 DNS 的安装与配置。
- 掌握两个以上的 DNS 服务器的建立与管理。
- 掌握 DNS 正向查询和反向查询的功能及配置方法。
- 掌握各种 DNS 服务器的配置方法。
- 掌握 DNS 资源记录的规划和创建方法。

2. 项目背景
本次实训项目所依据的网络拓扑图分别如图 6-4、图 6-33 和图 6-48 所示。

3. 项目要求
(1) 依据图 6-4 完成任务：添加 DNS 服务器，部署主 DNS 服务器，配置 DNS 客户端并测试主 DNS 服务器的配置。

(2) 依据图 6-33 完成任务：部署唯缓存 DNS 服务器，配置转发器，测试唯缓存 DNS 服务器。

(3) 依据图 6-48 完成任务：部署 DNS 的委派服务。

项目 7
配置与管理 DHCP 服务器

项目背景

　　某高校已经组建了学校的校园网,然而随着笔记本电脑的普及,教师移动办公以及学生移动学习的需求越来越多。当计算机从一个网络移动到另一个网络时,需要重新获知新网络的 IP 地址、网关等信息,并对计算机进行设置。这样,客户端就需要知道整个网络的部署情况,需要知道自己处于哪个网段、哪些 IP 地址是空闲的,以及默认网关是多少等信息,不仅用户觉得烦琐,同时也为网络管理员规划网络分配 IP 地址带来了困难。网络中的用户需要无论处于网络中什么位置,都不需要配置 IP 地址、默认网关等信息就能够上网。这就需要在网络中部署 DHCP 服务器。

　　在完成该项目之前,首先应当对整个网络进行规划,确定网段的划分以及每个网段可能的主机数量等信息。

项目目标

- 了解 DHCP 服务器在网络中的作用。
- 理解 DHCP 的工作过程。
- 掌握 DHCP 服务器的基本配置。
- 掌握 DHCP 客户端的配置和测试。
- 掌握常用 DHCP 选项的配置。
- 理解在网络中部署 DHCP 服务器的解决方案。
- 掌握常见 DHCP 服务器的维护。

7.1　相关知识

　　手动设置每一台计算机的 IP 地址是管理员最不愿意做的一件事,于是出现了自动配置 IP 地址的方法,这就是动态主机配置协议(dynamic host configuration protocol,DHCP)。DHCP 可以自动为局域网中的每一台计算机进行 TCP/IP 配置,包括 IP 地址、子网掩码、网关及 DNS 服务器等。DHCP 服务器能够从预先设置的 IP 地址池中自动给主机分配 IP 地址,它不仅能解决 IP 地址冲突的问题,还能及时回收 IP 地址以提高 IP 地址的利用率。

DHCP 服务

1. 何时使用 DHCP 服务

网络中每一台主机的 IP 地址与相关配置,可以采用两种方式获得,即手工配置和自动获得(自动向 DHCP 服务器获取)。

在网络主机数目少的情况下,可以手动为网络中的主机分配静态的 IP 地址,但有时工作量很大,这就需要动态 IP 地址方案。在该方案中,每台计算机并不设定固定的 IP 地址,而是在计算机开机时才被分配一个 IP 地址,这台计算机被称为 DHCP 客户端(DHCP client)。在网络中提供 DHCP 服务的计算机称为 DHCP 服务器。DHCP 服务器利用 DHCP(动态主机配置协议)为网络中的主机分配动态 IP 地址,并提供子网掩码、默认网关、路由器的 IP 地址以及一个 DNS 服务器的 IP 地址等。

动态 IP 地址方案可以减少管理员的工作量。只要 DHCP 服务器正常工作,IP 地址就不会发生冲突。要大批量更改计算机的所在子网或其他 IP 参数,只要在 DHCP 服务器上进行即可,管理员不必设置每一台计算机。

需要动态分配 IP 地址的情况包括以下 3 种。

(1) 网络的规模较大,网络中需要分配 IP 地址的主机很多,特别是要在网络中增加和删除网络主机或者要重新配置网络时,使用手工分配工作量很大,而且常常会因为用户不遵守规则而出现错误,如导致 IP 地址的冲突等。

(2) 网络中的主机多,而 IP 地址不够用,这时也可以使用 DHCP 服务器来解决这一问题。例如,某个网络上有 200 台计算机,采用静态 IP 地址时,每台计算机都需要预留一个 IP 地址,即共需要 200 个 IP 地址。然而,这 200 台计算机并不同时开机,甚至可能只有 20 台同时开机,这样就浪费了 180 个 IP 地址。这种情况对互联网服务供应商(Internet service provider,ISP)来说是一个十分严重的问题。如果 ISP 有 10 万个用户,是否需要 10 万个 IP 地址?解决这个问题的方法就是使用 DHCP 服务。

(3) DHCP 服务使得移动客户可以在不同的子网中移动,并在他们连接到网络时自动获得网络中的 IP 地址。随着笔记本电脑的普及,移动办公现象已习以为常。当计算机从一个网络移动到另一个网络时,每次移动也需要改变 IP 地址,并且移动的计算机在每个网络都需要占用一个 IP 地址。利用拨号上网实际上就是从 ISP 那里动态获得了一个共有的 IP 地址。

2. DHCP 地址分配类型

DHCP 允许 3 种类型的地址分配。

(1) 自动分配方式:当 DHCP 客户端第一次成功地从 DHCP 服务器端租用到 IP 地址之后,就永远使用这个地址。

(2) 动态分配方式:当 DHCP 客户端第一次从 DHCP 服务器端租用到 IP 地址之后,并非永久地使用该地址,只要租约到期,客户端就得释放这个 IP 地址,以给其他工作站使用。当然,客户端可以比其他主机更优先地更新租约,或是租用其他 IP 地址。

(3) 手工分配方式:DHCP 客户端的 IP 地址是由网络管理员指定的,DHCP 服务器只是把指定的 IP 地址告诉客户端。

3. DHCP 服务的工作过程

1) 在 DHCP 工作站上第一次登录网络

当在 DHCP 客户端登录网络时,通过以下步骤从 DHCP 服务器获得租约。

（1）DHCP 客户机在本地子网中先发送 DHCP discover 报文。此报文以广播的形式发送，因为客户机现在不知道 DHCP 服务器的 IP 地址。

（2）在 DHCP 服务器收到 DHCP 客户机广播的 DHCP discover 报文后，它向 DHCP 客户机发送 DHCP offer 报文，其中包括一个可租用的 IP 地址。

如果没有 DHCP 服务器对客户机的请求做出反应，可能发生以下两种情况。

① 如果客户使用的是 Windows 2000 及后续版本 Windows 操作系统，且自动设置 IP 地址的功能处于激活状态，那么客户端将自动从 Microsoft 保留 IP 地址段中选择一个自动私有地址（automatic private IP address，APIPA）作为自己的 IP 地址。自动私有 IP 地址的范围是 169.254.0.1～169.254.255.254。使用自动私有 IP 地址可以确保在 DHCP 服务器不可用时，DHCP 客户端之间仍然可以利用私有 IP 地址进行通信。所以，即使在网络中没有 DHCP 服务器，计算机之间仍能通过网上邻居发现彼此。

② 如果使用其他操作系统或自动设置 IP 地址的功能被禁止，则客户机无法获得 IP 地址，初始化失败。但客户机会在后台每隔 5 分钟发送 4 次 DHCP discover 报文，直到它收到 DHCP offer 报文。

（3）一旦客户机收到 DHCP offer 报文，它发送 DHCP request 报文到服务器，表示它将使用服务器所提供的 IP 地址。

（4）DHCP 服务器在收到 DHCP request 报文后，立即发送 DHCP ACK 确认报文，以确定此租约成立，且此报文还包含其他 DHCP 选项信息。

客户机收到确认信息后，利用其中的信息，配置它的 TCP/IP 并加入网络中。上述过程如图 7-1 所示。

2）在 DHCP 工作站上第二次登录网络

DHCP 客户机获得 IP 地址后再次登录网络时，就不需要再发送 DHCP discover 报文了，而是直接发送包含前一次所分配的 IP 地址的 DHCP request 报文。DHCP 服务器收到 DHCP request 报文，会尝试让客户机继续使用原来的 IP 地址，并回答一个 DHCP ACK（确认信息）报文。

图 7-1   DHCP 租约过程解析图

如果 DHCP 服务器无法分配给客户机原来的 IP 地址，则回答一个 DHCP NAK（不确认信息）报文。当客户机接收到 DHCP NAK 报文后，就必须重新发送 DHCP discover 报文来请求新的 IP 地址。

3）DHCP 租约的更新

DHCP 服务器将 IP 地址分配给 DHCP 客户机后，有租用时间的限制，DHCP 客户机必须在该次租用过期前对它进行更新。客户机在 50%租借时间过去以后，每隔一段时间就开始请求 DHCP 服务器更新当前租约。如果 DHCP 服务器应答，则租用延期。如果 DHCP 服务器始终没有应答，在有效租借期的 87.5%时，客户机应该与任何一个其他 DHCP 服务器通信，并请求更新它的配置信息。如果客户机不能和所有的 DHCP 服务器取得联系，租借时间到期后，它必须放弃当前的 IP 地址，并重新发送一个 DHCP discover 报文开始上述 IP 地址获得过程。

客户端可以主动向服务器发出 DHCP release 报文，将当前的 IP 地址释放。

7.2　项目设计与准备

部署 DHCP 之前应该先进行规划,明确哪些 IP 地址用于自动分配给客户端(作用域中应包含的 IP 地址),哪些 IP 地址用于手工指定给特定的服务器。例如,将 IP 地址 192.168.10.10～200/24 用于自动分配,将 IP 地址 192.168.10.100/24～192.168.10.120/24、192.168.10.10/24、192.168.10.20/24 排除,预留给需要手工指定 TCP/IP 参数的服务器,将 192.168.10.200/24 用作保留地址等。

根据如图 7-2 所示的环境来部署 DHCP 服务。虚拟机的网络连接模式全部采用"仅主机模式"。

角色:域控制器、DHCP服务器&DNS服务器
主机名:DNS1
IP地址:192.168.10.1/24
DNS:192.168.10.1

作用域:192.168.10.10/24~192.168.10.200/24
首要DNS:192.168.10.1
默认网关:192.168.10.254
排除地址:192.168.10.100/24~192.168.10.120/24
　　　　　192.168.10.10/24
　　　　　192.168.10.20/24
预留地址:192.168.10.200/24

角色:DHCP客户端
主机名:client1
IP地址:自动获取
DNS:自动获取

long.com

角色:DHCP客户端
主机名:client2
MAC地址:固定
IP地址:保留
DNS:自动获取

图 7-2　架设 DHCP 服务器的网络拓扑图

 用于手动配置的 IP 地址,一定是地址池外的地址,或者是地址池内但已经被排除掉的地址,否则会造成 IP 地址冲突。请读者思考原因。

7.3　项目实施

若利用虚拟环境来练习,请注意以下两点。

(1) 请将这些计算机所连接的虚拟网络的 DHCP 服务器功能禁用;如果利用物理计算机练习,请将网络中其他 DHCP 服务器关闭或停用,例如,停用 IP 共享设备或宽带路由器内的 DHCP 服务器功能。这些 DHCP 服务器都会干扰实验。

(2) 若 DC 与 DHCP1 的硬盘是从同一个虚拟硬盘复制来的,则需要执行"C:\windows/System32/Sysprep"内的 sysprep.exe 程序,选中"通用"选项。

安装 DHCP
服务器角色

任务 7-1　安装 DHCP 服务器角色

DNS1 已经安装了活动目录集成的 DNS 服务器。下面在其上安装 DHCP 服务器。

(1) 选择"开始"→"Windows 管理工具"→"服务器管理器"→"仪表板"→"添加角色和

功能"命令,在弹出的对话框中持续单击"下一步"按钮,直到打开如图 7-3 所示的"选择服务器角色"对话框时选中"DHCP 服务器"复选框,在弹出的"添加角色和功能向导"对话框中单击"添加功能"按钮。

图 7-3　"选择服务器角色"对话框

(2) 持续单击"下一步"按钮,最后单击"安装"按钮,开始安装 DHCP 服务器。安装完毕,单击"关闭"按钮,完成 DHCP 服务器角色的安装。

(3) 单击"关闭"按钮关闭向导,DHCP 服务器安装完成。选择"开始"→"Windows 管理工具"→DHCP 命令,打开 DHCP 控制台,如图 7-4 所示,可以在此配置和管理 DHCP 服务器。

图 7-4　DHCP 控制台

提示 由于 DHCP 是安装在域控制器上的,还没有被"授权",且 IP 作用域尚没有新建和"激活",所以在 IPv4 折叠项图标上显示向下的红色箭头。

授权 DHCP
服务器

任务 7-2 授权 DHCP 服务器

Windows Server 2016 为使用活动目录的网络提供了集成的安全性支持。针对 DHCP 服务器,它提供了授权的功能。通过这一功能可以对网络中配置正确的合法 DHCP 服务器进行授权,允许它们对客户端自动分配 IP 地址。同时,还能够检测未授权的非法 DHCP 服务器,以及防止这些服务器在网络中启动或运行,从而提高了网络的安全性。

1. 对域中的 DHCP 服务器进行授权

如果 DHCP 服务器是域的成员,并且在安装 DHCP 服务过程中没有选择授权,那么在安装完成后就必须先进行授权,才能为客户端计算机提供 IP 地址,独立服务器不需要授权。步骤如下。

在如图 7-4 所示的对话框中,右击 DHCP 服务器 dns1.long.com,选择快捷菜单中的"授权"命令,即可为 DHCP 服务器授权。重新打开 DHCP 控制台,如图 7-5 所示,显示 DHCP 服务器已授权:IPv4 前面图标由红色向下箭头变为了绿色对钩。

图 7-5 DHCP 服务器已授权

2. 为什么要授权 DHCP 服务器

由于 DHCP 服务器为客户端自动分配 IP 地址时均采用广播机制,而且客户端在发送 DHCP request 消息进行 IP 租用选择时,也只是简单地选择第一个收到的 DHCP offer,这意味着在整个 IP 租用过程中,网络中所有的 DHCP 服务器都是平等的。如果网络中的 DHCP 服务器都是正确配置的,则网络将能够正常运行。如果在网络中出现了错误配置的 DHCP 服务器,则可能会引发网络故障。例如,错误配置的 DHCP 服务器可能会为客户端分配不正确的 IP 地址,导致该客户端无法进行正常的网络通信。在如图 7-6 所示的网络环境中,配置正确的 DHCP 服务器 DHCP1 可以为客户端提供的是符合网络规划的 IP 地址 192.168.10.51/24～192.168.10.150/24,而配置错误的非法 DHCP 服务器 bad_dhcp 为客户端提供的却是不符合网络规划的 IP 地址 10.0.0.21/24～10.0.0.100/24。对于网络中的 DHCP 客户端 client1 来说,由于在自动获得 IP 地址的过程中,两台 DHCP 服务器具有平等的被选择权,因此 client1 将有 50% 的可能性获得一个由 bad_dhcp 提供的 IP 地址,这意味着网络出现故障的可能性将高达 50％。

角色：默认网关
NetBIOS名称：gw1
IP地址：192.168.10.001/24

角色：配置正确的合法DHCP服务器
主机名：DHCP1
IP地址：192.168.10.1/24
操作系统：Windows Server 2016
IP地址范围：192.168.10.51/24~
　　　　　　192.168.10.150/24

角色：DHCP客户端
主机名：client1
IP地址：自动获得
操作系统：Windows 10

角色：配置错误的非法DHCP服务器
主机名：bad_dhcp
IP地址：10.0.0.1/24
操作系统：Windows Server 2016
IP地址范围：10.0.0.21/24~10.0.0.100/24

图 7-6　网络中出现非法的 DHCP 服务器

为了解决这一问题，Windows Server 2016 引入了 DHCP 服务器的授权机制。通过授权机制，DHCP 服务器在服务于客户端之前，需要验证是否已在 AD 中被授权。如果未经授权，将不能为客户端分配 IP 地址。这样就避免了由于网络中出现错误配置的 DHCP 服务器而导致的意外网络故障。

①工作组环境中，DHCP 服务器肯定是独立的服务器，无须授权(也不能授权)即能向客户端提供 IP 地址。②域环境中，域控制器或域成员身份的 DHCP 服务器能够被授权，为客户端提供 IP 地址。③域环境中，独立服务器身份的 DHCP 服务器不能被授权。若域中有被授权的 DHCP 服务器，则该服务器不能为客户端提供 IP 地址；若域中没有被授权的 DHCP 服务器，则该服务器可以为客户端提供 IP 地址。

任务 7-3　创建 DHCP 作用域

在 Windows Server 2016 中，作用域可以在安装 DHCP 服务的过程中创建，也可以在安装完成后在 DHCP 控制台中创建。

创建 DHCP
作用域

1. 创建 DHCP 作用域

一台 DHCP 服务器可以创建多个不同的作用域。如果在安装时没有建立作用域，也可以单独建立 DHCP 作用域。具体步骤如下。

(1) 在 DNS1 上打开 DHCP 控制台，展开服务器名，右击 IPv4 选项，在弹出的快捷菜单中选择"新建作用域"命令，运行新建作用域向导。

(2) 单击"下一步"按钮，打开输入"作用域名"的对话框，在"名称"文本框中输入新作用域的名称，用来与其他作用域相区分。本例为"作用域 1"。

(3) 单击"下一步"按钮，打开如图 7-7 所示的输入"IP 地址范围"的对话框。在"起始 IP 地址"和"结束 IP 地址"文本框中输入想分配的 IP 地址范围。

(4) 单击"下一步"按钮，打开如图 7-8 所示的"添加排除和延迟"对话框，设置客户端的排除地址。在"起始 IP 地址"和"结束 IP 地址"文本框中输入想排除的 IP 地址或 IP 地址段，单击"添加"按钮，添加到"排除的地址范围"列表框中。

图 7-7　输入"IP 地址范围"的对话框

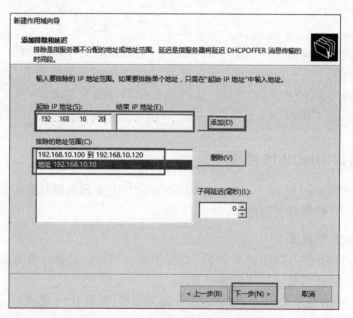

图 7-8　"添加排除和延迟"对话框

　　(5) 单击"下一步"按钮,打开设置"租用期限"的对话框,设置客户端租用 IP 地址的时间。

　　(6) 单击"下一步"按钮,打开"配置 DHCP 选项"的对话框,提示是否配置 DHCP 选项,选中默认的"是,我想现在配置这些选项"单选按钮。

　　(7) 单击"下一步"按钮,打开如图 7-9 所示的指定"路由器(默认网关)"的对话框,在"IP 地址"文本框中输入要分配的网关,单击"添加"按钮添加到列表框中。本例为 192.168. 10.254。

（8）单击"下一步"按钮，打开"域名称和 DNS 服务器"对话框，如图 7-10 所示。在"父域"文本框中输入进行 DNS 解析时使用的父域；在"IP 地址"文本框中输入 DNS 服务器的 IP 地址，本例为 192.168.10.1。单击"添加"按钮，将 IP 地址添加到列表框中。

图 7-9 指定"路由器（默认网关）"的对话框

图 7-10 指定"域名称和 DNS 服务器"的对话框

（9）单击"下一步"按钮，打开设置"WINS 服务器"的对话框，设置 WINS 服务器。如果网络中没有配置 WINS 服务器，则不必设置。

（10）单击"下一步"按钮，打开是否"激活作用域"的对话框，询问是否要激活作用域。

建议选中默认的"是,我想现在激活此作用域"选项。

(11) 单击"下一步"按钮,打开提示"正在完成新建作用域向导"的对话框。

(12) 单击"完成"按钮,作用域创建完成并自动激活。

2. 建立多个 IP 作用域

可以在一台 DHCP 服务器内建立多个 IP 作用域,以便对多个子网内的 DHCP 客户端提供服务。如图 7-11 所示的 DHCP 服务器内有两个 IP 作用域,一个用来提供 IP 地址给左边网络内的客户端,此网络的网络标识符为 192.168.10.0;另一个 IP 作用域用来提供 IP 地址给右边网络内的客户端,其网络标识符为 192.168.20.0。

图 7-11　超级作用域应用实例

右侧网络的客户端在向 DHCP 服务器租用 IP 地址时,DHCP 服务器会选择 192.168.20.0 作用域的 IP 地址,而不是 192.168.10.0 作用域。其原理是右侧客户端所发出的租用 IP 数据包,是通过路由器转发的,路由器会在这个数据包内的 GIADDR(gateway IP address)字段中,填入路由器的 IP 地址(192.168.20.254),因此 DHCP 服务器便可以通过此 IP 地址得知 DHCP 客户端位于 192.168.20.0 的网段,选择 192.168.20.0 作用域的 IP 地址给客户端。

　　　　除了 GIADDR 外,有些网络环境,其路由器还需要使用 DHCP option 82 内的更多信息来判断应该出租什么 IP 地址给客户端。

左侧网络的客户端向 DHCP 服务器租用 IP 地址时,DHCP 服务器会选择 192.168.10.0 作用域的 IP 地址,而不是 192.168.20.0 作用域。其原理是左侧客户端所发出的租用 IP 数据包,是直接由 DHCP 服务器来接收的,因此数据包内的 GIADDR 字段中的路由器 IP 地址为 0.0.0.0,当 DHCP 服务器发现此 IP 地址为 0.0.0.0 时,就知道是同一个网段(192.168.10.0)内的客户端要租用 IP 地址,因此它会选择 192.168.10.0 作用域的 IP 地址给客户端。

保留特定的
IP 地址

任务 7-4　保留特定的 IP 地址

如果用户想保留特定的 IP 地址给指定的客户机,以便 DHCP 客户机在每次启动时都获得相同的 IP 地址,就需要将该 IP 地址与客户机的 MAC 地址绑定。设置步骤如下。

(1) 打开 DHCP 控制台,在左窗格中单击选中作用域中的"保留"选项。

(2) 选择"操作"→"新建保留"命令,打开"新建保留"对话框,如图 7-12 所示。

图 7-12　"新建保留"对话框

（3）在"IP 地址"文本框中输入要保留的 IP 地址。本例为 192.168.10.200。

（4）在"MAC 地址"文本框中输入 IP 地址要保留给哪一个网卡。本例为 000C2917CF7A，可以在目标客户机的命令提示符下执行 ipconfig /all 命令查询 MAC（物理）地址。

（5）在"保留名称"文本框中输入客户名称。注意此名称只是一般的说明文字，并不是用户账户的名称，但此处不能为空白。

（6）如果有需要，可以在"描述"文本框内输入一些描述此客户的说明性文字。

添加完成后，用户可利用作用域中的"地址租约"选项进行查看。大部分情况下，客户机使用的仍然是以前的 IP 地址，也可用以下方法进行更新。

- 使用 ipconfig /release 命令：释放现有 IP。
- 使用 ipconfig /renew 命令：更新 IP。

（7）在 MAC 地址为 000C2917CF7A 的计算机 Client2 上进行测试，该计算机的 IP 地址获取方式为自动获取。测试结果如图 7-13 所示。

　　如果在设置保留地址时，网络上有多台 DHCP 服务器存在，用户需要在其他服务器中将此保留地址排除，以便客户机可以获得正确的保留地址。

任务 7-5　配置 DHCP 选项

配置 DHCP 选项

DHCP 服务器除了可以为 DHCP 客户机提供 IP 地址外，还可以设置 DHCP 客户机启动时的工作环境，如可以设置客户机登录的域名称、DNS 服务器、WINS 服务器、路由器、默认网关等。

1. DHCP 选项

在客户机启动或更新租约时，DHCP 服务器可以自动设置客户机启动后的 TCP/IP 环境。通过设置 DHCP 选项可以在客户机启动或更新租约时，DHCP 服务器可以自动设置客

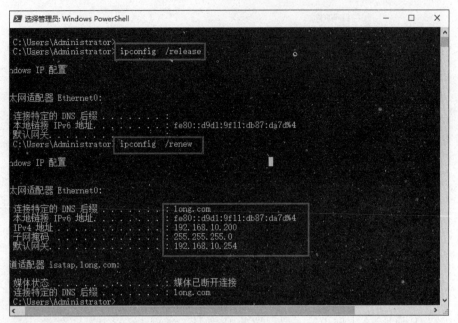

图 7-13　保留地址测试结果

户机启动后的 TCP/IP 环境。由于目前大多数 DHCP 客户端均不能支持全部的 DHCP 选项,因此在实际应用中,通常只需对一些常用的 DHCP 选项进行配置,常用的 DHCP 选项见表 7-1。

表 7-1　常用的 DHCP 选项

选项代码	选项名称	说　明
003	路由器	DHCP 客户端所在 IP 子网的默认网关的 IP 地址
006	DNS 服务器	DHCP 客户端解析 FQDN 时需要使用的首选和备用 DNS 服务器的 IP 地址
015	DNS 域名	指定 DHCP 客户端在解析只包含主机但不包含域名的不完整 FQDN 时应使用的默认域名
044	WINS 服务器	DHCP 客户端解析 NetBIOS 名称时需要使用的首选和备用 WINS 服务器的 IP 地址
046	WINS/NBT 节点类型	DHCP 客户端使用的 NetBIOS 名称解析方法

　　DHCP 服务器提供了许多选项,如默认网关、域名、DNS、WINS、路由器等。选项包括以下 4 种类型。

- 默认服务器选项:这些选项的设置影响 DHCP 控制台窗口中该服务器下所有作用域中的客户和类选项。
- 作用域选项:这些选项的设置只影响该作用域下的地址租约。
- 类选项:这些选项的设置只影响被指定使用该 DHCP 类 ID 的客户机。
- 保留客户选项:这些选项的设置只影响指定的保留客户。

如果在服务器选项与作用域选项中设置了不同的选项,则作用域的选项起作用,即在应用时,作用域选项将覆盖服务器选项。同理,类选项会覆盖作用域选项,保留客户选项会覆盖以上 3 种选项。它们的优先级表示如下:

保留客户选项 ＞ 类选项 ＞ 作用域选项 ＞默认服务器选项。

2. 配置 DHCP 服务器选项和作用域选项

为了进一步了解选项设置,以在作用域中添加 DNS 选项为例,说明 DHCP 的选项设置。

(1) 打开 DHCP 控制台窗口,在左窗格中展开服务器,单击选中"作用域选项"选项,选择"操作"→"配置选项"命令。

(2) 打开"作用域选项"对话框,如图 7-14 所示。在"常规"选项卡的"可用选项"列表中,选中"006 DNS 服务器"复选框,输入 IP 地址,单击"确定"按钮结束。

图 7-14　设置作用域选项

3. 配置 DHCP 类别选项

1) 类别选项概述

通过策略为特定的客户端计算机分配不同的 IP 地址与选项时,可以通过 DHCP 客户端所发送的供应商类别、用户类来区分客户端计算机。

(1) 用户类:可以为某些 DHCP 客户端计算机设置用户类标识符,例如,标识符为 IT,当这些客户端向 DHCP 服务器租用 IP 地址时,会将这个类标识符一并发送给服务器,而服务器会依据此类别标识符来为这些客户端分配专用的选项设置。

(2) 供应商类别:可以根据操作系统厂商所提供的供应商类别标识符来设置选项。Windows Server 的 DHCP 服务器已具备识别 Windows 客户端的能力,并通过以下 4 个内置的供应商类别选项来设置客户端的 DHCP 选项。

① DHCP Standard Options:适用于所有的客户端。

② Microsoft Windows 2000 选项：适用于 Windows 2000（含）后的客户端。

③ Microsoft Windows 98 选项：适用于 Windows 98/ME 客户端。

④ Microsoft 选项：适用于其他的 Windows 客户端。

如果要支持其他操作系统的客户端，就先查询其供应商类别标识符，然后在 DHCP 服务器内新建此供应商类别标识符，并针对这些客户端来设置选项。Android 系统的供应商类别标识符的前 6 位为 dhcpcd，因此可以利用 dhcpcd＊来代表所有的 Android 设备。

2）用户类实例的问题需求

以下练习将通过用户类标识符来识别客户端计算机，且仍然采用如图 7-2 所示的环境。假设客户端 client1 的用户类标识符为 IT。当 client1 向 DHCP 服务器租用 IP 地址时，会将此标识符 IT 传递给服务器，我们希望服务器根据此标识符来分配客户端的 IP 地址范围为 192.168.10.150/24～192.168.10.180/24，并且将客户端的 DNS 服务器的 IP 地址设置为 192.168.10.1。

3）在 DHCP 服务器 DNS1 上新建用户类标识符

（1）如图 7-15 所示，选中并在 IPv4 选项上右击，在弹出的快捷菜单中选择"定义用户类"命令。

图 7-15　定义用户类

（2）如图 7-16 所示，在打开的对话框中单击"添加"按钮，假设在显示名称处将其设置为"技术部"，直接在 ASCII 处输入用户类标识符 IT 后，单击"确定"按钮，注意此处区分大小写，例如 IT 与 it 是不同的。

　　若要新建供应商类别标识符，则在 IPv4 项上右击，在弹出的快捷菜单中选择"定义供应商类"命令。

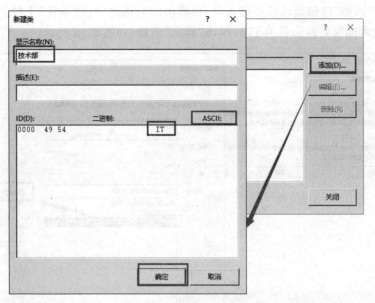

图 7-16　添加用户类 IT

4）在 DHCP 服务器内针对标识符 IT 设置类别选项

假设客户端计算机是通过前面所建立的作用域"作用域 1"来租用 IP 地址的，因此我们要通过此作用域的策略来将 DNS 服务器的 IP 地址 192.168.10.1 分配给用户类标识符为 IT 的客户端。

（1）选中并在"作用域 1"折叠项内的"策略"选项上右击，在弹出的快捷菜单中选择"新建策略"命令，如图 7-17 所示，打开"DHCP 策略配置向导"对话框。

图 7-17　新建策略

（2）设置此策略的名称（假设是 TestIT）后单击"下一步"按钮，打开"为策略配置条件"的"DHCP 策略配置向导"对话框。

（3）单击"添加"按钮来设置筛选条件，在弹出的对话框中将"条件"下拉列表框的"用户类"设置为"技术部"（其标识符为 IT），单击"确定"按钮，如图 7-18 所示。

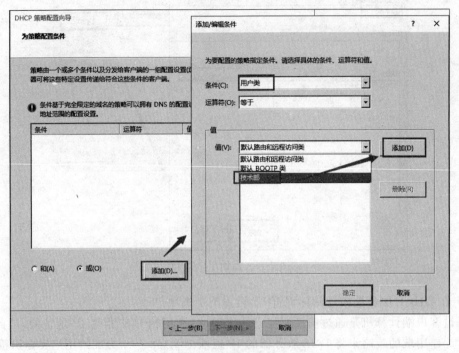

图 7-18　设置"用户类"为"技术部"

（4）返回到前一个对话框后单击"下一步"按钮。

（5）根据需求，我们要在此策略内分配 IP 地址，如图 7-19 所示，设置 IP 地址范围为 192.168.10.150/24～192.168.10.180/24，单击"下一步"按钮。

（6）如图 7-20 所示，在打开的对话框中将 DNS 服务器的 IP 地址设置为 192.168.10.1，单击"下一步"按钮。

（7）打开提示摘要的对话框时单击"完成"按钮。

（8）如图 7-21 所示的 TestIT 为刚才所建立的策略，DHCP 服务器会将这个策略内的设置分配给客户端计算机。

5）DHCP 客户端的设置

（1）需要先将 DHCP 客户端的用户类标识符设置为 IT，假设客户端为 client1，选择"开始"→"Windows 系统"命令，打开"Windows 系统"对话框，右击"命令提示符"图标按钮，在弹出的快捷菜单中选择"更多"→"以管理员身份运行"命令，利用 ipconfig /setclassid 命令来设置（类标识符区分大小写），如图 7-22 所示。

　　　　图 7-22 中 Ethernet0 是网络连接的名称，在 Windows 10 客户端可以右击"开始"菜单按钮，在弹出的快捷菜单中选择"命令提示符"命令，输入 control 后，按 Enter 键，选择"网络和 Internet"→"网络和共享中心"命令来查看，每一个网络连接都可以设置一个用户类标识符，如图 7-23 所示。

图 7-19　设置 IP 地址范围

图 7-20　为 DNS 服务器设置 IP 地址

图 7-21　TestIT 策略已启用

图 7-22　在客户端设置用户类标识符

图 7-23　查看网络连接名称

（2）客户端设置完成后，可以利用 ipconfig /all 命令来检查，如图 7-24 所示。

（3）到这台用户类标识符为 IT 的客户端计算机上利用 ipconfig /renew 命令来向服务器租用 IP 地址或更新 IP 租约，此时它所得到的 DNS 服务器的 IP 地址会是我们所设置的 192.168.10.1，所得到的 IP 地址也应处在所设 IP 地址范围内。读者可在客户端计算机上利用如图 7-25 所示的 ipconfig /all 命令查看。可在客户端计算机上执行"ipconfig /setclassid 'Ethernet0'"命令来删除用户类标识符。

任务 7-6　配置 DHCP 客户端和测试

目前常用的操作系统均可作为 DHCP 客户端，本任务仅以 Windows 平台为客户端。

1. 配置 DHCP 客户端

在 Windows 平台中配置 DHCP 客户端非常简单。

（1）在客户端 client1 上，打开"Internet 协议版本 4（TCP/IPv4）属性"对话框。

配置 DHCP
客户端和
测试

图 7-24 客户端设置成功

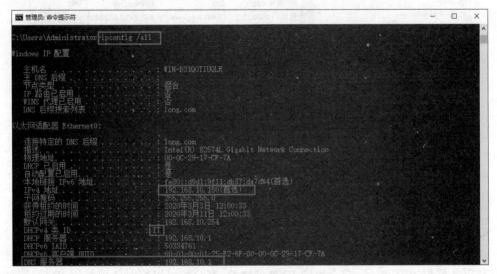

图 7-25 客户端测试成功

（2）选中"自动获得 IP 地址"和"自动获得 DNS 服务器地址"选项即可。

　　　　由于 DHCP 客户机是在开机的时候自动获得 IP 地址的，因此并不能保证每次获得的 IP 地址都是相同的。

2. 测试 DHCP 客户端

在 DHCP 客户端上打开"命令提示符"窗口，可以通过 ipconfig /all 和 ping 命令对 DHCP 客户端进行测试。

3. 手动释放 DHCP 客户端 IP 地址租约

在 DHCP 客户端上打开"命令提示符"窗口，使用 ipconfig /release 命令手动释放 DHCP 客户端 IP 地址租约。请读者试着做一下。

4. 手动更新 DHCP 客户端 IP 地址租约

在 DHCP 客户端上打开命令提示符窗口，使用 ipconfig /renew 命令手动更新 DHCP 客户端 IP 地址租约。请读者试着做一下。

5. 在 DHCP 服务器上验证租约

使用具有管理员权限的用户账户登录 DHCP 服务器，打开 DHCP 管理控制台。在左侧控制台树中双击 DHCP 服务器，在展开的树中双击作用域，然后单击选中"地址租用"选项，将能够看到从当前 DHCP 服务器的当前作用域中租用 IP 地址的租约，如图 7-26 所示。

图 7-26　IP 地址租用

6. 客户端的备用设置

客户端如果因故无法向 DHCP 服务器租到 IP 地址，客户端会每隔 5 分钟自动去找 DHCP 服务器租用 IP 地址，在未租到 IP 地址之前，客户端可以暂时使用其他 IP 地址，此 IP 地址可以通过如图 7-27 所示的"备用配置"选项卡进行设置。

- 自动专用 IP 地址（automatic private IP addressing，APIPA）：这是默认值，当客户端无法从 DHCP 服务器租用到 IP 地址时，它们会自动使用 169.254.0.0/16 格式的专用 IP 地址。
- 用户配置：客户端会自动使用此处的 IP 地址与设置值。它特别适合客户端计算机需要在不同网络中使用的场合。例如客户端为笔记本电脑，这台计算机在公司是向 DHCP 服务器租用 IP 地址，但拿回家使用时，如果家里没有 DHCP 服务器，无法租用到 IP 地址，就自动使用此处所设置的 IP 地址。

图 7-27   客户端的备用设置

7.4   习题

1. 填空题

（1）DHCP 工作过程包括_____、_____、_____、_____ 4 种报文。

（2）如果 Windows 的 DHCP 客户端无法获得 IP 地址，将自动从 Microsoft 保留地址段中选择一个作为自己的地址。

（3）在 Windows Server 2016 的 DHCP 服务器中，根据不同的应用范围划分的不同级别的 DHCP 选项包括_____、_____、_____、_____。

（4）在 Windows Server 2016 环境下，使用_____命令可以查看 IP 地址配置，释放 IP 地址使用_____命令，续订 IP 地址使用_____命令。

（5）域环境中，_____服务器能够被授权，_____服务器不能被授权。

（6）通过策略为特定的客户端计算机分配不同的 IP 地址与选项时，可以通过 DHCP 客户端所发送的_____、_____来区分客户端计算机。

（7）当 DHCP 服务器上有多个作用域时，就可组成_____，作为单个实体来管理。

（8）为了平衡 DHCP 服务器的使用，较好的方法是使用_____规则划分两个 DHCP 服务器之间的作用域地址。

（9）DHCP 服务器系统默认将数据库文件存储在_____文件夹内，其中最主要的是数据库文件_____。

（10）DHCP 服务默认每隔_____分钟自动将数据库文件备份到_____文件夹内。

2. 选择题

(1) 在一个局域网中利用 DHCP 服务器为网络中的所有主机提供动态 IP 地址分配，DHCP 服务器的 IP 地址为 192.168.2.1/24，在服务器上创建一个作用域 192.168.2.11～200/24 并激活。在 DHCP 服务器选项中设置 003 为 192.168.2.254，在作用域选项中设置 003 为 192.168.2.253，则网络中租用到 IP 地址 192.168.2.20 的 DHCP 客户端所获得的默认网关地址应为(   )。

    A. 192.168.2.1   B. 192.168.2.254

    C. 192.168.2.253   D. 192.168.2.20

(2) DHCP 选项的设置中，不可以设置的是(   )。

    A. DNS 服务器   B. DNS 域名

    C. WINS 服务器   D. 计算机名

(3) 使用 Windows Server 2016 的 DHCP 服务时，当客户机租约使用时间超过租约的 50％时，客户机会向服务器发送(   )数据包，以更新现有的地址租约。

    A. DHCPDISCOVER   B. DHCPOFFER

    C. DHCPREQUEST   D. DHCPIACK

(4) 下列命令用来显示网络适配器的 DHCP 类别信息的是(   )。

    A. ipconfig /all   B. ipconfig /release

    C. ipconfig /renew   D. ipconfig /showclassid

3. 简答题

(1) 动态 IP 地址方案有什么优点和缺点？简述 DHCP 服务器的工作过程。

(2) 如何配置 DHCP 作用域选项？如何备份与还原 DHCP 数据库？

4. 案例分析

(1) 某企业用户反映，他的一台计算机从人事部搬到财务部后就不能连接到 Internet 了。这是什么原因？应该怎么处理？

(2) 学校因为计算机数量的增加，需要在 DHCP 服务器上添加一个新的作用域。可用户反映客户端计算机并不能从服务器获得新的作用域中的 IP 地址。可能是什么原因？如何进行处理？

7.5 实训项目　配置与管理 DHCP 服务器实训

1. 实训目的

- 掌握 DHCP 服务器的配置方法。
- 掌握 DHCP 的用户类别的配置。
- 掌握测试 DHCP 服务器的方法。

2. 项目背景

本项目根据如图 7-2 所示的环境来部署 DHCP 服务。

3. 项目要求

(1) 将 DHCP 服务器的 IP 地址池设为 192.168.20.10/24～192.168.20.200/24。

(2) 将 IP 地址 192.168.20.104/24 预留给需要手工指定 TCP/IP 参数的服务器。

(3) 将 192.168.20.100 用作保留地址。

(4) 增加一台客户端 client2，要使 client1 客户端与 client2 客户端自动获取的路由器和 DNS 服务器地址不同。

项目 8
配置与管理 Web 服务器

项目背景

目前,大部分公司都有自己的网站,用来实现信息发布、资料查询、数据处理、网络办公、远程教育和视频点播等功能,还可以用来实现电子邮件服务。搭建网站要靠 Web 服务来实现,而在中小型网络中使用最多的系统是 Windows Server 系统,因此微软公司的 IIS 系统提供的 Web 服务也成为使用最为广泛的服务。

项目目标

- 学会 IIS 的安装与配置。
- 学会 Web 网站的配置与管理。
- 学会创建 Web 网站和虚拟主机。
- 学会 Web 网站的目录管理。
- 学会实现安全的 Web 网站。

8.1 相关知识

IIS 提供了基本 Web 服务,包括发布信息、传输文件、支持用户通信和更新这些服务所依赖的数据存储等。

WWW 与 FTP
服务器

1. 万维网发布服务

通过将客户端 HTTP 请求连接到在 IIS 中运行的网站上,万维网发布服务向 IIS 最终用户提供 Web 发布。WWW 服务管理 IIS 的核心组件,这些组件处理 HTTP 请求并配置和管理 Web 应用程序。

2. 文件传输协议服务

通过文件传输协议(file transfer protocol,FTP),IIS 提供对管理和处理文件的完全支持。该服务使用传输控制协议(transmission control protocol,TCP),从而确保了文件传输的完成和数据传输的准确。该版本的 FTP 支持在站点级别上隔离用户,以帮助管理员保护其 Internet 站点的安全并使之商业化。

3. 简单邮件传输协议服务

使用简单邮件传输协议(simple mail transfer protocol,SMTP)服务,IIS 能够发送和接

收电子邮件。例如,为确认用户提交表格成功,可以对服务器编程以自动发送邮件来响应事件,也可以使用 SMTP 服务接收来自网站客户反馈的消息。SMTP 不支持完整的电子邮件服务,要提供完整的电子邮件服务,可使用 Microsoft Exchange Server。

4. 网络新闻传输协议服务

可以使用网络新闻传输协议(network news transfer protocol,NNTP)服务主控单个计算机上的 NNTP 本地讨论组。因为该功能完全符合 NNTP,所以用户可以使用任何新闻阅读客户端程序加入新闻组进行讨论。

5. 管理服务

该项功能管理 IIS 配置数据库,并为 WWW 服务、FTP 服务、SMTP 服务和 NNTP 服务更新 Microsoft Windows 操作系统注册表。配置数据库用来保存 IIS 的各种配置参数。IIS 管理服务对其他应用程序公开配置数据库,这些应用程序包括 IIS 核心组件、在 IIS 上建立的应用程序以及独立于 IIS 的第三方应用程序(如管理或监视工具)。

8.2　项目设计与准备

在架设 Web 服务器之前,读者需要了解本项目实例部署的需求和实验环境。

1. 部署需求

在部署 Web 服务前需满足以下要求。

(1) 设置 Web 服务器的 TCP/IP 属性,手工指定 IP 地址、子网掩码、默认网关和 DNS 服务器 IP 地址等。

(2) 部署域环境,域名为 long.com。

2. 部署环境

本项目所有实例都部署在一个域环境下,域名为 long.com。其中 Web 服务器主机名为 DNS1,其本身也是域控制器和 DNS 服务器,IP 地址为 192.168.10.1。Web 客户机主机名为 WIN10-1,是一台安装了 Windows 10 的客户机,IP 地址为 192.168.10.30。网络拓扑图如图 8-1 所示。

图 8-1　架设 Web 服务器网络拓扑图

安装 Web 服务器(IIS)角色

8.3 项目实施

任务 8-1 安装 Web 服务器(IIS)角色

在计算机 WIN2012-1 上通过"服务器管理器"安装 Web 服务器(IIS)角色,具体步骤如下。

(1) 选择"开始"→"服务器管理器"命令,打开"服务器管理器"窗口,依次单击"仪表板"→"添加角色和功能"按钮,在弹出的对话框中持续单击"下一步"按钮,直到打开如图 8-2 所示的"选择服务器角色"对话框。选中"Web 服务器(IIS)"复选框,全部选中"安全性"选项,全部选中"常见 HTTP 功能"选项,同时选中"FTP 服务器"选项。

图 8-2 "选择服务器角色"对话框

如果在前面安装某些角色时,安装了功能和部分 Web 角色,界面将稍有不同,这时请注意选中"FTP 服务器""安全性"和"常见 HTTP 功能"等选项。

(2) 持续单击"下一步"按钮,直到打开有"安装"按钮的对话框,单击"安装"按钮开始安装 Web 服务器。在安装完成后,会弹出提示"安装结果"对话框,单击"关闭"按钮完成安装。

在此将"FTP 服务器"复选框选中,在安装 Web 服务器的同时,也安装了 FTP 服务器。建议安装"角色服务"全部选项,特别是身份验证方式。如果"角色服务"安装不完全,后面做有关"网站安全"的实训时,会有部分功能不能使用。

安装完 IIS 以后,还应对该 Web 服务器进行测试,以检测网站是否正确安装并运行。在局域网中的一台计算机(本例为 WIN10-1)上,通过浏览器打开以下 3 种地址格式进行测试。

- DNS 域名地址:"http:/DNS1.long.com/"。
- IP 地址:"http://192.168.10.1/"。
- 计算机名:"http://DNS1/"。

如果 IIS 安装成功,则会在 IE 浏览器中打开如图 8-3 所示的网页。如果没有显示出该网页,则检查 IIS 是否出现问题或重新启动 IIS 服务,也可以删除 IIS 重新安装。

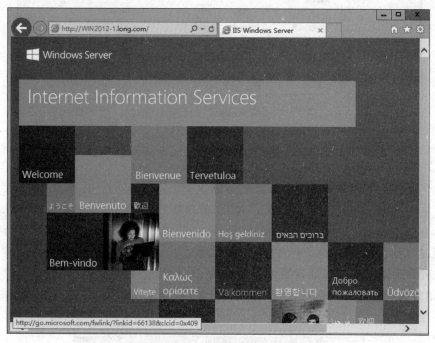

图 8-3　IIS 安装成功

任务 8-2　创建 Web 网站

在 Web 服务器上创建一个新网站,使用户在客户端计算机上能通过 IP 地址和域名进行访问。

创建 Web 网站

1. 创建使用 IP 地址访问的 Web 网站

创建使用 IP 地址访问的 Web 网站的具体步骤如下。

1)停止默认网站(Default Web Site)

以域管理员账户登录 Web 服务器上,选择"开始"→"Windows 管理工具"→"Internet Information Services(IIS)管理器"命令打开 IIS 管理控制台。在控制台树中依次展开服务器和"网站"节点。右击 Default Web Site 选项,在弹出的快捷菜单中选择"管理网站"→"停止"命令,即可停止正在运行的默认网站,如图 8-4 所示。此时默认网站的状态显示为"已停止"。

2)准备 Web 网站内容

在 C 盘上创建文件夹"C:\web"作为网站的主目录,并在该文件夹中存放网页 index.htm 作为网站的首页,网站首页可以用记事本或 Dreamweaver 软件编写。

图 8-4　停止默认网站(Default Web Site)

3) 创建 Web 网站

(1) 在"Internet Information Services(IIS)管理器"窗口树中,展开服务器节点,右击"网站"选项,在弹出的菜单中选择"添加网站"命令,打开"添加网站"对话框。在该对话框中可以指定网站名称、应用程序池、网站内容目录、传递身份验证、网站类型、IP地址、端口号、主机名以及是否启动网站。在此设置网站名称为 Test Web,物理路径为"C:\web",类型为http,IP地址为192.168.10.1,默认端口号为80,如图8-5所示。单击"确定"按钮,完成 Web网站的创建。

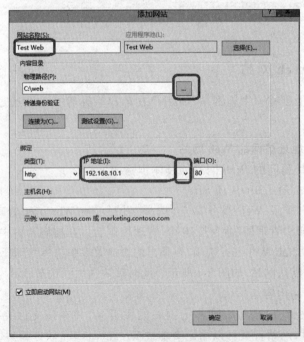

图 8-5　"添加网站"对话框

（2）返回"Internet Information Services(IIS)管理器"控制台，可以看到刚才创建的网站已经启动，如图 8-6 所示。

图 8-6 "Internet Information Services(IIS)管理器"窗口

（3）用户在客户端计算机 WIN10-1 上打开浏览器，输入 http://192.168.10.1 就可以访问刚才建立的网站了。

注意 如图 8-6 所示，双击右窗格中的"默认文档"图标按钮，打开如图 8-7 所示的"默认文档"的窗口，可以对默认文档进行添加、删除及更改顺序的操作。

图 8-7 设置默认文档

默认文档是指在 Web 浏览器中输入 Web 网站的 IP 地址或域名即显示出来的 Web 页

面,也就是通常所说的主页(homepage)。IIS 8.0 默认文档的文件名有 5 种,分别为 default. htm、default.asp、index. htm、index.html 和 iisstar. htm。这也是一般网站中最常用的主页名。如果 Web 网站无法找到这 5 个文件中的任何一个,那么将在 Web 浏览器上显示"该页无法显示"的提示。默认文档既可以是一个,也可以是多个。当设置多个默认文档时,IIS 将按照排列的前后顺序依次调用这些文档。当第一个文档存在时,将直接把它显示在用户的浏览器上,而不再调用后面的文档;第一个文档不存在时,将第二个文件显示给用户,以此类推。

思考与实践：由于本例首页文件名为 index.htm,所以在客户端直接输入 IP 地址即可浏览网站。如果网站首页的文件名不在列出的 5 个默认文档中,该如何处理? 请读者试着做一下。

2. 创建使用域名访问的 Web 网站

创建用域名 www.long.com 访问的 Web 网站,具体步骤如下。

(1) 在 DNS1 上打开"DNS 管理器"窗口,依次展开服务器和"正向查找区域"节点,单击选中区域 long.com。

(2) 创建别名记录。右击区域 long.com,在弹出的快捷菜单中选择"新建别名"命令,出现"新建资源记录"对话框。在"别名"文本框中输入 www,在"目标主机的完全合格的域名(FQDN)"文本框中输入 DNS1.long.com,或者单击"浏览"按钮,查找 DNS1 的 FQDN 并选中。

(3) 单击"确定"按钮,别名创建完成。

(4) 用户在客户端计算机 WIN10-1 上,打开浏览器,输入 http://www.long.com,就可以访问刚才建立的网站。

保证客户端计算机 WIN10-1 的 DNS 服务器的地址是 192.168.10.1。

管理 Web 网站的目录

任务 8-3 管理 Web 网站的目录

在 Web 网站中,Web 内容文件都会保存在一个或多个目录树下,包括 HTML 内容文件、Web 应用程序和数据库等,甚至有的会保存在多个计算机上的多个目录中。因此,为了使其他目录中的内容和信息也能够通过 Web 网站发布,可通过创建虚拟目录来实现。当然,也可以在物理目录下直接创建目录来管理内容。

1. 虚拟目录与物理目录

在 Internet 上浏览网页时,经常会看到一个网站下面有许多子目录,这就是虚拟目录。虚拟目录只是一个文件夹,并不一定位于主目录内,但对于浏览 Web 站点的用户来说,就像位于主目录中一样。

对于任何一个网站,都需要使用目录来保存文件,既可以将所有的网页及相关文件都存放到网站的主目录之下,也就是在主目录之下建立文件夹,然后将文件放到这些子文件夹内,这些文件夹也称物理目录;也可以将文件保存到其他物理文件夹内,如本地计算机或其他计算机内,然后通过虚拟目录映射到这个文件夹,每个虚拟目录都有一个别名。虚拟目录的好处是在不需要改变别名的情况下,可以随时改变其对应的文件夹。

在 Web 网站中,默认发布主目录中的内容。但如果要发布其他物理目录中的内容,就需要创建虚拟目录。虚拟目录也就是网站的子目录,每个网站都可能会有多个子目录,不同的子目录内容不同,在磁盘中会用不同的文件夹来存放不同的文件。例如,使用 BBS 文件夹存放论坛程序,用 image 文件夹存放网站图片等。

2. 创建虚拟目录

在 www.long.com 对应的网站上创建一个名为 BBS 的虚拟目录,其路径为本地磁盘中的 C:\MY_BBS 文件夹,该文件夹下有个文档 index.htm。具体创建过程如下。

（1）以域管理员身份登录 DNS1。在 IIS 管理器中,展开左侧的“网站”目录树,选中并在要创建虚拟目录的网站 Test Web 上右击,在弹出的快捷菜单中选择“添加虚拟目录”命令,运行虚拟目录创建向导,利用该向导便可为该虚拟网站创建不同的虚拟目录。

（2）在“别名”文本框中设置该虚拟目录的别名,本例为 bbs,用户用该别名来连接虚拟目录。该别名必须唯一,不能与其他网站或虚拟目录重名。在“物理路径”文本框中输入该虚拟目录的文件夹路径,或单击“浏览”按钮选择,本例为 C:\MY_BBS。这里既可以使用本地计算机上的路径,也可以使用网络中的文件夹路径。设置完成如图 8-8 所示。

图 8-8　添加虚拟目录

（3）用户在客户端计算机 WIN10-1 上打开浏览器,输入 http://www.long.com/bbs,就可以访问 C:\MY_BBS 中的默认网站。

任务 8-4　架设多个 Web 网站

使用 IIS 8.0 的虚拟主机技术,通过分配 TCP 端口、IP 地址和主机头名,可以在一台服务器上建立多个虚拟 Web 网站。每个网站都具有唯一的由端口号、IP 地址和主机头名 3 部分组成的网站标识,用来接收来自客户端的请求。不同的 Web 网站可以提供不同的 Web 服务,而且每一个虚拟主机和一台独立的主机完全一样。这种方式适用于企业或组织需要创建多个网站的情况,可以节省成本。

不过,这种虚拟技术将一个物理主机分割成多个逻辑上的虚拟主机使用,虽然能够节省经费,对于访问量较小的网站来说比较经济实惠,但由于这些虚拟主机共享这台服务器的硬件资源和带宽,所以在访问量较大时容易出现资源不够用的情况。

架设多个 Web 网站可以通过以下 3 种方式来实现。

架设多个
Web 网站

- 使用不同 IP 地址架设多个 Web 网站。
- 使用不同端口号架设多个 Web 网站。
- 使用不同主机头架设多个 Web 网站。

在创建一个 Web 网站时,要根据企业本身现有的条件,如投资的多少、IP 地址的多少、网站性能的要求等,选择不同的虚拟主机技术。

1. 使用不同端口号架设多个 Web 网站

如今 IP 地址资源越来越紧张,有时需要在 Web 服务器上架设多个网站,但计算机只有一个 IP 地址,这该怎么办呢? 利用这一个 IP 地址,使用不同的端口号也可以达到架设多个网站的目的。

其实,用户访问所有的网站都需要使用相应的 TCP 端口。不过,Web 服务器默认的 TCP 端口为 80,在用户访问时不需要输入。但如果网站的 TCP 端口不为 80,在输入网址时就必须添加上端口号,而且用户在上网时也会经常遇到必须使用端口号才能访问网站的情况。利用 Web 服务的这个特点,可以架设多个网站,每个网站均使用不同的端口号。使用这种方式创建的网站,其域名或 IP 地址部分完全相同,仅端口号不同。只是用户在使用网址访问时,必须添加相应的端口号。

在同一台 Web 服务器上使用同一个 IP 地址、两个不同的端口号(80、8080)创建两个网站,具体步骤如下。

1) 新建第 2 个 Web 网站

(1) 以域管理员账户登录 Web 服务器 DNS1。

(2) 在"Internet 信息服务(IIS)管理器"窗口中,创建第 2 个 Web 网站,网站名称为 web8080,内容目录物理路径为"C:\web2",IP 地址为 192.168.10.1,端口号为 8080,如图 8-9 所示。

2) 在客户端上访问两个网站

在 WIN10-1 计算机上打开 IE 浏览器,分别输入 http://192.168.10.1 和 http://192.168.10.1:8080,这时会发现打开了两个不同的网站 Test Web 和 web8080。

提示
　　如果在访问 Web2 时出现不能访问的情况,请检查防火墙,最好将全部防火墙(包括域的防火墙)关闭。后面类似问题不再说明。

2. 使用不同的主机头名架设多个 Web 网站

使用 www.long.com 访问第 1 个 Web 网站 Test Web,使用 www1.long.com 访问第 2 个 Web 网站 web8080。具体步骤如下。

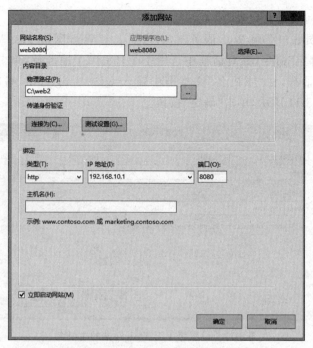

图 8-9　"添加网站"对话框

1）在区域 long.com 上创建别名记录

（1）以域管理员账户登录 Web 服务器 DNS1。

（2）打开"DNS 管理器"窗口，依次展开服务器和"正向查找区域"节点，单击选中区域 long.com。

（3）创建别名记录。右击区域 long.com，在弹出的快捷菜单中选择"新建别名"命令，出现"新建资源记录"对话框。在"别名"文本框中输入 www1，在"目标主机的完全合格的域名（FQDN）"文本框中输入 dns1.long.com。

（4）单击"确定"按钮，完成别名创建，如图 8-10 所示。

图 8-10　DNS 配置结果

2)设置 Web 网站的主机名

(1)以域管理员账户登录 Web 服务器,右击第 1 个 Web 网站 Test Web,在弹出的快捷菜单中选择"编辑绑定"命令,在对话框中选中 192.168.10.1 地址行,单击"编辑"按钮,打开"编辑网站绑定"对话框,在"主机名"文本框中输入 www.long.com,端口为 80,IP 地址为 192.168.10.1,如图 8-11 所示,单击"确定"按钮。

图 8-11 设置第 1 个 Web 网站的主机名

(2)右击第 2 个 Web 网站 web8080,在弹出的快捷菜单中选择"编辑绑定"命令,在对话框中选中 192.168.10.1 地址行。单击"编辑"按钮,打开"编辑网站绑定"对话框,在"主机名"文本框中输入 www1.long.com,端口改为 80,IP 地址为 192.168.10.1,如图 8-12 所示,单击"确定"按钮。

图 8-12 设置第 2 个 Web 网站的主机名

3)在客户端上访问两个网站

在 WIN10-1 计算机上,保证 DNS 首要地址是 192.168.10.1。打开 IE 浏览器,分别输入 http://www. long.com 和 http://www1.long.com,这时会发现打开了两个不同的网站 Test Web 和 web8080。

3. 使用不同的 IP 地址架设多个 Web 网站

如果要在一台 Web 服务器上创建多个网站,为了使每个网站域名都能对应于独立的 IP

地址,一般使用多个 IP 地址来实现。这种方案称为 IP 虚拟主机技术,也是比较传统的解决方案。当然,为了使用户在浏览器中可使用不同的域名来访问不同的 Web 网站,必须将主机名及其对应的 IP 地址添加到域名解析系统(DNS)。如果使用此方法在 Internet 上维护多个网站,也需要通过 InterNIC 注册域名。

要使用多个 IP 地址架设多个网站,首先需要在一台服务器上绑定多个 IP 地址。而 Windows Server 2008 及 Windows Server 2012 R2 系统均支持在一台服务器上安装多块网卡,一张网卡可以绑定多个 IP 地址。再将这些 IP 地址分配给不同的虚拟网站,就可以达到一台服务器利用多个 IP 地址来架设多个 Web 网站的目的。例如,要在一台服务器上创建两个网站 Linux.long.com 和 Windows.long.com,对应的 IP 地址分别为 192.168.10.1 和 192.168.10.5,需要在服务器网卡中添加这两个地址。具体步骤如下。

1) 在 DNS1 上再添加第 2 个 IP 地址

(1) 以域管理员账户登录 Web 服务器,右击桌面右下角任务托盘区域的网络连接图标按钮,选择快捷菜单中的“打开网络和共享中心”命令,打开“网络和共享中心”窗口。

(2) 单击“本地连接”图标按钮,打开“本地连接状态”对话框。

(3) 单击“属性”按钮,打开“本地连接属性”对话框。Windows Server 2016 中包含 IPv6 和 IPv4 两个版本的 Internet 协议,并且默认都已启用。

(4) 在“此连接使用下列项目”选项框中选择“Internet 协议版本 4(TCP/IP)”,单击“属性”按钮,打开“Internet 协议版本 4(TCP/IPv4)属性”对话框。单击“高级”按钮,打开“高级 TCP/IP 设置”对话框。

(5) 单击“添加”按钮,在 TCP/IP 对话框中输入 IP 地址 192.168.10.5,子网掩码为 255.255.255.0。单击“确定”按钮,完成设置,如图 8-13 所示。

图 8-13　“高级 TCP/IP 设置”对话框

2）更改第2个网站的IP地址和端口号

以域管理员账户登录Web服务器。右击第2个Web网站web8080，在弹出的快捷菜单中选择"编辑绑定"命令，在对话框中选中192.168.10.1地址行。单击"编辑"按钮，打开"编辑网站绑定"对话框，在"主机名"文本框中不输入内容（清空原有内容），端口为80，IP地址为192.168.10.5，如图8-14所示，最后单击"确定"按钮。

图8-14 "编辑网站绑定"对话框

3）在客户端上进行测试

在WIN10-1计算机上，打开IE浏览器，分别输入http://192.168.10.1和http://192.168.10.5，这时会发现打开了两个不同的网站Test Web和web8080。

8.4 习题

1. 填空题

（1）微软Windows Server 2016家族的IIS在_____、_____或_____上提供了集成、可靠、可伸缩、安全和可管理的Web服务器功能，为动态网络应用程序创建强大的通信平台的工具。

（2）Web中的目录分为两种类型：_____和_____。

2. 简答题

（1）简述架设多个Web网站的方法。

（2）IIS 8.0提供的服务有哪些？

（3）什么是虚拟主机？

8.5 实训项目 配置与管理Web服务器实训

1. 实训目的

掌握Web服务器的配置方法。

2. 项目背景

本项目根据如图 8-1 所示的环境来部署 Web 服务器。

3. 项目要求

根据网络拓扑图(见图 8-1)完成如下任务。

(1) 安装 Web 服务器。

(2) 创建 Web 网站。

(3) 管理 Web 网站目录。

(4) 管理 Web 网站的安全。

(5) 管理 Web 网站的日志。

(6) 架设多个 Web 网站。

配置与管理 FTP 服务器

FTP(file transfer protocol)是一个用来在两台计算机之间传输文件的通信协议。这两台计算机中,一台是 FTP 服务器,另一台是 FTP 客户端。FTP 客户端可以从 FTP 服务器下载文件,也可以将文件上传到 FTP 服务器。

项目目标

* FTP 概述。
* 安装 FTP 服务器。
* 创建虚拟目录。
* 创建虚拟机。
* 配置与使用客户端。
* 配置域环境下隔离 FTP 服务器。

9.1 相关知识

以 HTTP 为基础的 WWW 服务功能虽然强大,但对于文件传输来说却略显不足。故一种专门用于文件传输的服务 FTP 服务应运而生。

FTP 服务就是文件传输服务,它具备更强的文件传输可靠性和更高的效率。

1. FTP 工作原理

FTP 大幅简化了文件传输的复杂性,它能够使文件通过网络从一台主机传送到另外一台计算机上却不受计算机和操作系统类型的限制。无论是 PC、服务器、大型机,还是 iOS、Linux、Windows 操作系统,只要双方都支持 FTP,就可以方便、可靠地传送文件。

FTP 服务的具体工作过程如图 9-1 所示。

(1)客户端向服务器发出连接请求,同时客户端系统动态地打开一个大于 1024 的端口(如 1031 端口)等候服务器连接。

(2)若 FTP 服务器在端口 21 侦听到该请求,则会在客户端的 1031 端口和服务器的 21 端口之间建立起一个 FTP 会话连接。

(3)当需要传输数据时,FTP 客户端再动态地打开一个大于 1024 的端口(如 1032 端口)连接到服务器的 20 端口,并在这两个端口之间传输数据。当数据传输完毕,这两个端口

（1032 和 20 端口）会自动关闭。

（4）客户端的 1031 端口和服务器的 21 端口之间的会话连接继续保持，等待接受其他客户进程发起的请求。

（5）当 FTP 客户端断开与 FTP 服务器的连接时，客户端上动态分配的端口将自动释放。

图 9-1　FTP 服务的工作过程

2. 匿名用户

FTP 服务不同于 WWW，它首先要求登录到服务器上，然后传输文件，这对于很多公开提供软件下载的服务器来说十分不便，于是匿名用户访问就诞生了。通过使用一个共同的用户名 anonymous，密码不限的管理策略（一般使用用户的邮箱作为密码即可），让任何用户都可以很方便地从这些服务器上下载软件。

9.2　项目设计与准备

在架设 FTP 服务器之前，需要了解本任务实例的部署需求和实验环境。

1. 部署需求

在部署 FTP 服务前需满足以下要求。

（1）设置 FTP 服务器的 TCP/IP 属性，手工指定 IP 地址、子网掩码、默认网关和 DNS 服务器 IP 地址等。

（2）部署域环境，域名为 long.com。

2. 部署环境

本节任务所有实例都部署在一个域环境下，域名为 long.com。其中 FTP 服务器主机名为 DNS1，其本身也是域控制器和 DNS 服务器，IP 地址为 192.168.10.1。FTP 客户机主机名为 WIN10-1，是一台安装了 Windows 10 的客户机，IP 地址为 192.168.10.30。网络拓扑图如图 9-2 所示。

角色：域控制器、DNS服务器&
　　　FTP服务器
主机名：DNS1
IP地址：192.168.10.1/24
　　　　192.168.100/24
操作系统：Windows Server 2016

角色：FTP客户端
主机名：WIN10-2
IP地址：192.168.10.40/24
DNS：192.168.10.1
操作系统：Windows 10

角色：FTP客户端
主机名：WIN10-1
IP地址：192.168.10.30/24
DNS：192.168.10.1
操作系统：Windows 10

图 9-2　架设 FTP 服务器网络拓扑图

9.3　项目实施

任务 9-1　创建和访问 FTP 站点

在本任务中，在计算机 DNS1 上通过服务器管理器窗口安装 Web 服务器(IIS)角色，同时也安装了 FTP 服务器。

在 FTP 服务器上创建一个新网站 Test FTP，使用户在客户端计算机上能通过 IP 地址和域名进行访问。

创建和访问
FTP 站点

1. 创建使用 IP 地址访问的 FTP 站点

创建使用 IP 地址访问的 FTP 站点的具体步骤如下。

1）准备 FTP 主目录

在 C 盘上创建文件夹"C:\ftp"作为 FTP 主目录，并在该文件夹存放一个文件 test.txt，供用户在客户端计算机上下载和上传测试。

2）创建 FTP 站点

（1）在"Internet Information Services(IIS)管理器"窗口中，右击服务器 DNS1，在弹出的快捷菜单中选择"添加 FTP 站点"命令，如图 9-3 所示，打开"添加 FTP 站点"对话框。

（2）在"FTP 站点名称"文本框中输入 Test FTP，物理路径为"C:\ftp"，如图 9-4 所示。

图 9-3 在"Internet Information Services(IIS)管理器"中添加 FTP 站点

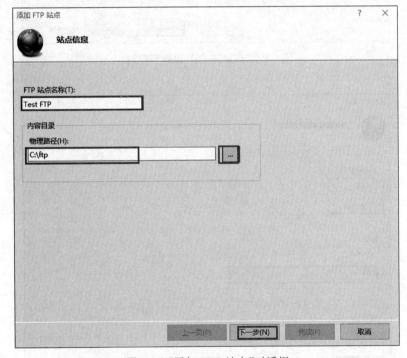

图 9-4 "添加 FTP 站点"对话框

（3）单击"下一步"按钮，打开如图 9-5 所示的"绑定和 SSL 设置"对话框，在"IP 地址"文本框中输入 192.168.10.1，端口为 21，在 SSL 选项区下面选中"无 SSL"单选按钮。

（4）单击"下一步"按钮，打开如图 9-6 所示的"身份验证和授权信息"对话框，输入相应信息。本例允许匿名访问，也允许特定用户访问。

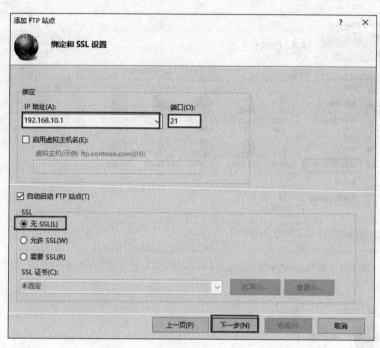

图 9-5 "绑定和 SSL 设置"对话框

图 9-6 "身份验证和授权信息"对话框

注 意　访问 FTP 服务器主目录的最终权限由此处的权限与用户对 FTP 主目录的 NTFS 权限共同作用,哪一个严格就采用哪一个。

3)测试 FTP 站点

用户在客户端计算机 WIN10-1 上,右击"开始"菜单按钮,在弹出的快捷菜单中选择"文件资源管理器"命令,输入 ftp://192.168.10.1 就可以访问刚才建立的 FTP 站点,或者在浏览器中输入 ftp://192.168.10.1 也可以访问 Test FTP 网站。

2. 创建使用域名访问的 FTP 站点

创建使用域名访问的 FTP 站点的具体步骤如下。

1)在 DNS 区域中创建别名

(1)以管理员账户登录 DNS 服务器 DNS1,打开"DNS 管理器"窗口,在控制台树中依次展开服务器和"正向查找区域"节点,然后右击区域 long.com,在弹出的快捷菜单中选择"新建别名"命令,打开"新建资源记录"对话框。

(2)在"别名"文本框中输入别名 ftp,在"目标主机的完全合格的域名(FQDN)"文本框中输入 FTP 服务器的完全合格域名,在此输入 dns1.long.com,如图 9-7 所示。

图 9-7　新建别名记录

(3)单击"确定"按钮,完成别名记录的创建。

2)测试 FTP 站点

用户在客户端计算机 WIN10-1 上,打开文件资源管理器或浏览器,输入 ftp://ftp.long. com,就可以访问刚才建立的 FTP 站点,如图 9-8 所示。

图 9-8　使用完全合格的域名(FQDN)访问 FTP 站点

创建虚拟
目录

任务 9-2　创建虚拟目录

使用虚拟目录可以在服务器硬盘上创建多个物理目录,或者引用其他计算机上的主目录,从而为不同上传或下载服务的用户提供不同的目录,并且可以为不同的目录分别设置不同的权限,如读取、写入等。使用 FTP 虚拟目录时,由于用户不知道文件的具体储存位置,所以文件存储更加安全。

在 FTP 站点上创建虚拟目录 xunimulu 的具体步骤如下。

1) 准备虚拟目录内容

以管理员账户登录 DNS 服务器 DNS1,创建文件夹"C:\xuni",作为 FTP 虚拟目录的主目录,在该文件夹下存入一个文件 test1.txt 供用户在客户端计算机上下载。

2) 创建虚拟目录

(1) 在"Internet Information Services(IIS)管理器"窗口中,依次展开服务器 DNS1 和"网站"折叠项,右击刚才创建的站点 Test FTP,在弹出的快捷菜单中选择"添加虚拟目录"命令,打开"添加虚拟目录"对话框。

(2) 在"别名"文本框中输入 xunimulu,在"物理路径"文本框中输入 C:\xuni,如图 9-9 所示。

图 9-9　"添加虚拟目录"对话框

3）测试 FTP 站点的虚拟目录

用户在客户端计算机 WIN10-1 上,打开文件资源管理器和浏览器,输入 ftp://ftp.long.com/xunimulu 或者 ftp://192.168.10.1/xunimulu,就可以访问刚才建立的 FTP 站点的虚拟目录。

 提示　　在各种服务器的配置中,要时刻注意账户的 NTFS 权限,避免由于 NTFS 权限设置不当而无法完成相关配置,同时注意防火墙的影响。

任务 9-3　安全设置 FTP 服务器

安全设置
FTP 服务器

FTP 服务的配置和 Web 服务相比要简单得多,主要是站点的安全性设置,包括指定不同的授权用户,如允许不同权限的用户访问,允许来自不同 IP 地址的用户访问,或限制不同 IP 地址的不同用户的访问等。再就是和 Web 站点一样,FTP 服务器也要设置 FTP 站点的主目录和性能等。

1. 设置 IP 地址和端口

（1）在"Internet Information Services（IIS）管理器"窗口中,依次展开服务器 DNS1 和"网站"折叠项,选中 FTP 站点 Test FTP,然后单击操作列的"绑定"按钮,弹出"网站绑定"对话框,如图 9-10 所示。

图 9-10　"网站绑定"对话框

（2）选择 ftp 条目后,单击"编辑"按钮,完成 IP 地址和端口号的更改,比如改为 2121。

（3）测试 FTP 站点。用户在客户端计算机 WIN2012-2 上,打开浏览器或资源管理器,输入 ftp://192.168.10.1：2121 就可以访问刚才建立的 FTP 站点。

（4）为了继续完成后面的实训，测试完毕，请再将端口号改为默认端口号，即 21。

2. 其他配置

在"Internet Information Services(IIS)管理器"窗口中展开 FTP 服务器折叠项，单击选中 FTP 站点 Test FTP。可以分别进行"FTP IP 地址和域限制""FTP SSL 设置""FTP 当前会话""FTP 防火墙支持""FTP 目录浏览""FTP 请求筛选""FTP 日志""FTP 身份验证""FTP 授权规则""FTP 消息""FTP 用户隔离"等内容的设置或浏览，如图 9-11 所示。

图 9-11 "Test FTP 主页"窗口

在"操作"列，可以选择进行"浏览""编辑权限""绑定""基本设置""查看应用程序""查看虚拟目录""重新启动""启动""停止"和"高级设置"等操作。

任务 9-4 创建虚拟主机

创建虚拟主机

1. 虚拟主机简介

一个 FTP 站点是由一个 IP 地址和一个端口号唯一标识，改变其中任意一项均标识不同的 FTP 站点。但是在 FTP 服务器上，通过 Internet Information Services(IIS)管理器控制台只能创建一个 FTP 站点。在实际应用环境中，有时需要在一台服务器上创建两个不同的 FTP 站点，这就涉及虚拟主机的问题。

在一台服务器上创建的两个 FTP 站点，默认只能启动其中一个站点，用户可以通过更改 IP 地址或端口号两种方法来解决这个问题。

可以使用多个 IP 地址和多个端口来创建多个 FTP 站点。尽管使用多个 IP 地址来创建多个站点是常见并且推荐的操作，但在默认情况下，使用 FTP 时，客户端会调用端口 21，这种情况会变得非常复杂。因此,如果要使用多个端口来创建多个 FTP 站点,就需要将新端口号通知用户,以便其 FTP 客户能够找到并连接到该端口。

2. 使用相同 IP 地址、不同端口号创建 2 个 FTP 站点

在同一台服务器上使用相同的 IP 地址、不同的端口号(21、2121)同时创建第 2 个 FTP 站点 FTP2,具体步骤如下。

(1) 以域管理员账户登录 FTP 服务器 DNS1,创建 C:\ftp2 文件夹作为第 2 个 FTP 站点的主目录,并在该文件夹内放入一些文件。

(2) 接着创建第 2 个 FTP 站点,站点的创建可参见"任务 9-1　创建和访问 FTP 站点"的相关内容,只是端口要设为 2121。

(3) 测试 FTP 站点。用户在客户端计算机 WIN10-1 上,打开文件资源管理器或浏览器,输入 ftp://192.168.10.1:2121,就可以访问刚才建立的第 2 个 FTP 站点。

3. 使用 2 个不同的 IP 地址创建 2 个 FTP 站点

在同一台服务器上用相同的端口号、不同的 IP 地址(192.168.10.1、192.168.10.5)同时创建两个 FTP 站点,具体步骤如下。

1) 设置 FTP 服务器网卡的 2 个 IP 地址

前面已在 DNS1 上设置了两个 IP 地址:192.168.10.1、192.168.10.5,此处不再赘述。

2) 更改第 2 个 FTP 站点的 IP 地址和端口号

(1) 在"Internet Information Services(IIS)管理器"窗口树中依次展开 FTP 服务器,选中 FTP 站点 FTP2,然后单击"操作"列的"绑定"按钮,弹出"编辑网站绑定"对话框。

(2) 选择 ftp 类型后,单击"编辑"按钮,打开如图 9-12 所示对话框,将 IP 地址改为 192.168.10.5,端口改为 21。

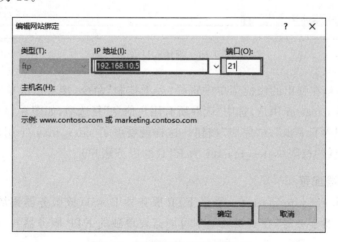

图 9-12　"编辑网站绑定"对话框

(3) 单击"确定"按钮完成更改。

3) 测试 FTP 的第 2 个站点

在客户端计算机 WIN10-1 上打开浏览器,输入 ftp://192.168.10.5,就可以访问刚才建立的第 2 个 FTP 站点。

任务 9-5　实现 AD 环境下多用户隔离 FTP

实现 AD 环境下多用户隔离 FTP

1. 任务需求

未名公司已经搭建好域环境,业务组因业务需求,需要在服务器上存储相关业务数据,但是业务组希望各用户目录相互隔离(仅允许访问自己的目录而无法访问他人的目录),每一个业务员允许使用的 FTP 空间大小为 100MB。为此,公司决定通过 AD 中的 FTP 隔离来实现此应用。

通过建立基于域的隔离用户 FTP 站点和磁盘配额技术可以实现本任务。在实现该任务前,请将前面所做的 FTP 站点删除或停止,以避免影响本任务。

2. 创建业务部 OU 及用户

(1) 在 DNS1 中新建一个名为 sales 的 OU,在 sales 中新建用户,用户名分别为 sales_master、salesuser1、salesuser2,用户密码为 P@ssw0rd,如图 9-13 所示。

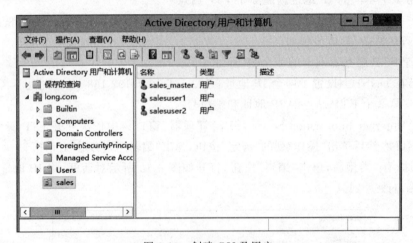

图 9-13　创建 OU 及用户

(2) 右击 sales,在弹出的快捷菜单中选择"委派控制"命令,接着依次单击"下一步"→"添加"按钮,添加 sales_master 用户,选中"读取所有用户信息"复选项,如图 9-14 所示。

(3) 依次单击"下一步"→"完成"按钮。这样就委派了 sales_master 用户对 sales OU 有读取所有用户信息的权限(sales_master 为 FTP 的服务账户)。

3. FTP 服务器配置

(1) 仍使用 long\administrator 登录 FTP 服务器 DNS1(该服务器集域控制器、DNS 服务器和 FTP 服务器于一身,在真实环境中可能需要单独的 FTP 服务器)。FTP 服务器角色和功能已经添加。

(2) 在 C 盘(或其他任意盘)建立主目录 FTP_sales,在 FTP_sales 中分别建立用户名对应的文件夹 salesuser1、salesuser2,如图 9-15 所示。为了测试方便,请事先在两个文件夹中新建一些文件或文件夹。

(3) 选择"服务器管理器"窗口中的"工具"→"Internet Information Server(IIS)管理器"命令,在弹出的对话框中右击"网站"选项,在弹出的快捷菜单中选择"添加 FTP 站点"命令,

图 9-14　委派权限

图 9-15　新建文件夹

在弹出的"添加 FTP 站点"对话框中输入"FTP 站点名称"并选择"物理路径",如图 9-16 所示。

　　(4) 在"绑定和 SSL 设置"对话框中选择"绑定"的"IP 地址"选项,在 SSL 选项区中选中"无 SSL"选项,如图 9-17 所示。

　　(5) 在"身份验证和授权信息"对话框的"身份验证"选项区中选中"匿名"和"基本"复选框,在"允许访问"下拉列表中选择"所有用户",选中"权限"选项区中的"读取"和"写入"复选框,如图 9-18 所示。

　　(6) 在"Internet Information Services(IIS)管理器"窗口中的 FTP_sales 中选择"FTP 用户隔离",如图 9-19 所示。

　　(7) 在"FTP 用户隔离"中选中"在 Active Directory 中配置的 FTP 主目录"选项,单击"设置"按钮,添加刚刚委派的用户,再单击"应用"按钮,如图 9-20 所示。

图 9-16　"添加 FTP 站点"对话框

图 9-17　"绑定和 SSL 设置"对话框

（8）选择 DNS1 的"服务器管理器"窗口中的"工具"→"ADSI 编辑器"命令，打开"ADSI 编辑器"窗口，选择"操作"→"连接到"命令，打开"连接设置"对话框，单击"确定"按钮，如图 9-21 所示。

（9）展开左子树，右击 sales OU 中的 salesuser1 用户，在弹出的快捷菜单中选择"属性"命令，在弹出的对话框中找到 msIIS-FTPDir，该选项设置用户对应的目录，将其修改为

图 9-18 "身份验证和授权信息"对话框

图 9-19 选择"FTP 用户隔离"

salesuser1；msIIS-FTPRoot 用于设置用户对应的路径，将其设为"C:\FTP_sales"，如图 9-22 所示。

> msIIS-FTPRoot 对应于用户的 FTP 根目录，msIIS-FTPDir 对应于用户的 FTP 主目录。用户的 FTP 主目录必须是 FTP 根目录的子目录。

图 9-20　配置"FTP 用户隔离"

图 9-21　"连接设置"对话框

（10）使用同样的方式配置 salesuser2 用户。

4. 配置磁盘配额

在 DNS1 上打开"此电脑"窗口,在 C 盘图标按钮上右击,在弹出的快捷菜单中选择"属性"命令,在弹出的"属性"对话框中单击选中"配额"选项卡,选中"启用配额管理"和"拒绝将磁盘空间给超过配额限制的用户"复选框,将"将磁盘空间限制为"设置成 100MB,将"警告等级设为"设置成 90MB,选中"用户超出配额限制时记录事件"和"用户超过警告等级时记录事件"复选框,如图 9-23 所示,并进行应用。

图 9-22　修改隔离用户属性

图 9-23　启用磁盘"配额"

5. 测试验证

(1) 在 WIN10-1 计算机的文件资源管理器中使用 salesuser1 用户登录 FTP 服务器,如图 9-24 所示。

图 9-24　在客户端访问 FTP 服务器

必须使用 long\salesuser1 或 salesuser1@long.com 登录。为了不受防火墙的影响，建议暂时关闭所有防火墙。

（2）在 WIN10-1 计算机上使用 salesuser1 用户访问 FTP，并成功上传文件，如图 9-25所示。

图 9-25　使用 salesuser1 账户登录成功并可上传文件

（3）使用 salesuser2 账户访问 FTP 并成功上传文件，如图 9-26 所示。

（4）当 salesuser1 用户上传文件超过 100MB 时，会提示上传失败，如图 9-27 所示，将大于 100MB 的 Administrator 文件夹上传到 FTP 服务器时上传失败。

（5）在 DNS1 上打开"这台电脑"窗口，在 C 盘图标按钮右击，在弹出的快捷菜单中选择"属性"命令，在弹出的"属性"对话框中单击选中"配额"选项卡。选择"配额项"可以查看用户使用的空间，如图 9-28 所示。

图 9-26　使用 salesuser2 账户登录成功并可上传文件

图 9-27　提示上传出错

状态	名称	登录名	使用量	配额限制	警告等级	使用的百分比
超出限制		NT SERVICE\TrustedInstaller	4.49 GB	100 MB	100 MB	4603
超出限制		NT AUTHORITY\SYSTEM	2.41 GB	100 MB	100 MB	2474
正常		BUILTIN\Administrators	2.14 GB	无限制	无限制	暂缺
正常		NT AUTHORITY\LOCAL SERVICE	64.69 MB	100 MB	100 MB	64
正常		NT AUTHORITY\NETWORK SERVICE	85.15 MB	100 MB	100 MB	85
正常	salesuser1	salesuser1@long.com	3.07 MB	100 MB	100 MB	3

项目总数 6 个,已选 1 个。

图 9-28　查看"配额项"

9.4 习题

1. 填空题

(1) FTP 服务就是_____服务, FTP 的英文全称是_____。

(2) FTP 服务通过使用一个共同的用户名_____, 密码不限的管理策略, 让任何用户都可以很方便地从这些服务器上下载软件。

(3) FTP 服务有两种工作模式：_____和_____。

(4) FTP 命令的格式为_____。

(5) 打开 FTP 服务器_____的命令是_____, 浏览其下目录列表的命令是_____。如果匿名登录, 在 User(ftp.long.com：(none))处输入匿名账户_____, 在 Password 处输入_____或直接按 Enter 键, 即可登录 FTP 站点。

(6) 比较著名的 FTP 客户端软件有_____、_____、_____等。

(7) FTP 身份验证方法有两种：_____和_____。

2. 选择题

(1) 虚拟主机技术不能通过(   )架设网站。

    A. 计算机名　　　　　　　　　　B. TCP 端口

    C. IP 地址　　　　　　　　　　　D. 主机头名

(2) 虚拟目录不具备的特点是(   )。

    A. 便于扩展　　　　　　　　　　B. 增删灵活

    C. 易于配置　　　　　　　　　　D. 动态分配空间

(3) FTP 服务使用的端口是(   )。

    A. 21　　　　　B. 23　　　　　C. 25　　　　　D. 53

(4) 从 Internet 上获得软件最常采用(   )。

    A. www　　　　B. Telnet　　　　C. FTP　　　　D. DNS

3. 判断题

(1) 若 Web 网站的信息非常敏感, 为防中途被人截获, 可采用 SSL 加密方式。(   )

(2) IIS 提供了基本服务, 包括发布信息、传输文件、支持用户通信和更新这些服务所依赖的数据存储。(   )

(3) 虚拟目录是一个文件夹, 一定位于主目录内。(   )

(4) FTP 的全称是 File Transfer Protocol, 是用于传输文件的协议。(   )

(5) 当使用"用户隔离"模式时, 所有用户的主目录都在单一 FTP 主目录下, 每个用户均被限制在自己的主目录中, 且用户名必须与相应的主目录相匹配, 不允许用户浏览除自己主目录之外的其他内容。(   )

4. 简答题

(1) 非域的用户隔离和域用户隔离的主要区别是什么？

(2) 能否使用不存在的域用户进行多用户配置？

(3) 磁盘配额的作用是什么？

9.5　实训项目　配置与管理 FTP 服务器实训

1. 实训目的
- 掌握 FTP 服务器的安装方法。
- 掌握 FTP 服务器的配置方法。
- 掌握 AD 隔离用户 FTP 服务器的配置方法。

2. 项目背景
本项目根据如图 9-2 所示的环境来部署 FTP 服务器。

3. 项目要求
根据网络拓扑图(见图 9-2),完成如下任务。
(1) 安装 FTP 发布服务角色服务。
(2) 创建和访问 FTP 站点。
(3) 创建虚拟目录。
(4) 安全设置 FTP 服务器。
(5) 创建虚拟主机。
(6) 配置与使用客户端。
(7) 设置 AD 隔离用户 FTP 服务器,测试用户为 Jane 和 Mike。

项目背景

对于大型的计算机网络,数据的安全和管理的自动化历来都是人们追求的目标,特别是随着 Internet 的迅猛发展,在 Internet 上处理事务、交流信息和交易等行为越来越普遍,越来越多的重要数据需要在网上传输,网络安全问题也更加被重视。尤其是在电子商务活动中,必须保证交易双方能够互相确认身份,安全地传输敏感信息,同时还要防止被人截获、篡改,或者假冒交易等。因此,如何保证重要数据不受到恶意的损坏,成为网络管理最关键的问题之一。而通过利用 PKI(public key infrastructure,公开密钥基础架构)提供的密钥体系来实现数字证书签发、身份认证、数据加密和数字签名等功能,可以确保电子邮件、电子商务交易、文件传送等各类数据传输的安全性。

项目目标

- PKI 概述。
- SSL 网站证书。
- 证书的管理。

10.1 相关知识

10.1.1 PKI 概述

用户通过网络将数据发送给接收者时,可以利用 PKI 提供的以下 3 种功能来确保数据传输的安全性。

- 将传输的数据加密(encryption)。
- 接收者计算机会验证收到的数据是否是由发件人本人发送来的(authentication)。
- 接收者计算机还会确认数据的完整性(integrity),也就是检查数据在传输过程中是否被篡改。

PKI 根据公开密钥加密(public key cryptography)来提供上述功能,而用户需要拥有以下的一组密钥来支持这些功能。

- 公钥:用户的公钥(public key)可以公开给其他用户。
- 私钥:用户的私钥(private key)是该用户私有的,且存储在用户的计算机内,只有用户自己能够访问。

用户需要通过向证书颁发机构(certification authority,CA)申请证书(certificate)的方法来拥有与使用这一组密钥。

1. 公钥加密法

数据被加密后,必须经过解密才能读取数据的内容。PKI 使用公钥加密(public key encryption)机制来对数据进行加密与解密。发件人利用收件人的公钥将数据加密,而收件人利用自己的私钥将数据解密。例如,如图 10-1 所示为用户 Bob 发送一封经过加密的电子邮件给用户 Alice 的流程。

(1) Bob的电子邮件软件利用收件人　　　　(3) Alice的电子邮件软件利用收件人
　　Alice的公钥对邮件进行加密　　　　　　　Alice的私钥对邮件进行解密

图 10-1　发送一封经过加密的电子邮件

Bob 必须先取得 Alice 的公钥,才可以利用此密钥来将电子邮件加密,而因为 Alice 的私钥只存储在她的计算机内,因此只有她的计算机可以将此邮件解密,因此她可以正常读取此邮件。其他用户即使拦截这封邮件,也无法读取邮件内容,因为他们没有 Alice 的私钥,无法将其解密。

公钥加密体系使用公钥来加密,私钥来解密,此方法又称为非对称式(asymmetric)加密。另一种加密法是单密钥加密(secret key encryption),又称为对称式(symmetric)加密,其加密、解密都使用同一个密钥。

2. 公钥验证

发件人可以利用公钥验证(public key authentication)来将待发送的数据进行"数字签名"(digital signature),而收件人计算机在收到数据后,便能够通过此数字签名来验证数据是否确实是由发件人本人发出的,同时还会检查数据在传输的过程中是否被篡改。

发件人是利用自己的私钥对数据进行签名的,而收件人计算机会利用发件人的公钥来验证此份数据。例如,用户 Bob 发送一封经过数字签名的电子邮件给用户 Alice 的流程如图 10-2 所示。

(1) Bob的电子邮件软件利用Bob　　　　　(3) Bob的电子邮件软件利用Bob
　　的私钥对邮件添加数字签名　　　　　　　的公钥来验证此封邮件

图 10-2　发送一封经过数字签名的电子邮件

由于图 10-2 所示的邮件是经过 Bob 的私钥签名,而公钥与私钥是一对的,因此收件人 Alice 必须先取得发件人 Bob 的公钥后,才可以利用此密钥来验证这封邮件是否是由 Bob 本人发送过来的,并检查这封邮件是否被篡改。

数字签名是如何产生的? 又是如何用来验证用户身份的呢? 其流程如下。

(1) 发件人的电子邮件经过消息哈希算法(message hash algorithm)的运算处理后,产生一个消息摘要(message digest),它是一个数字指纹(digital fingerprint)。

(2) 发件人的电子邮件软件利用发件人的私钥将此 message digest 加密,所使用的加密方法为公钥加密算法(public key encryption algorithm),加密后的结果被称为数字签名。

(3) 发件人的电子邮件软件将原电子邮件与数字签名一并发送给收件人。

(4) 收件人的电子邮件软件会将收到的电子邮件与数字签名分开处理。

- 电子邮件重新经过消息哈希算法的运算处理后,产生一个新的消息摘要。
- 数字签名经过公钥加密算法的解密处理后,可得到发件人传来的原消息摘要。

(5) 新消息摘要与原消息摘要应该相同,否则表示这封电子邮件被篡改或是冒用发件人身份发来的。

SSL 网站安全连接

3. 网站安全连接

安全套接层(secure sockets layer,SSL)是一个以 PKI 为基础的安全性通信协议,若要让网站拥有 SSL 安全连接功能,就需要为网站向证书颁发机构(CA)申请 SSL 证书(Web 服务器证书),证书内包含公钥、证书有效期限、发放此证书的 CA、CA 的数字签名等数据。

在网站拥有 SSL 证书之后,浏览器与网站之间就可以通过 SSL 安全连接来通信了,也就是将 URL 路径中的 http 改为 https。例如,若网站为 www.long.com,则浏览器是利用 https://www.long.com/来连接网站的。

以图 10-3 所示来说明浏览器与网站之间如何建立 SSL 安全连接。建立 SSL 安全连接时,会建立一个双方都同意的会话密钥(session key),并利用此密钥来将双方所传送的数据加密、解密并确认数据是否被篡改。

图 10-3　浏览器与网站之间建立 SSL 安全连接

(1) 客户端浏览器利用 https://www.long.com 来连接网站时,客户端会先发出 Client

Hello 信息给 Web 服务器。

（2）Web 服务器会响应 Server Hello 信息给客户端，此信息内包含网站的证书信息（内含公钥）。

（3）客户端浏览器与网站双方开始协商 SSL 连接的安全等级，例如，选择 40 位或 128 位加密密钥。位数越多，越难破解，数据越安全，但网站性能就越差。

（4）浏览器根据双方同意的安全等级来建立会话密钥，利用网站的公钥将会话密钥加密，将加密过后的会话密钥发送给网站。

（5）网站利用它自己的私钥来将会话密钥解密。

（6）浏览器与网站双方相互之间传送的所有数据，都会利用这个会话密钥进行加密与解密。

10.1.2   证书颁发机构概述与根 CA 的安装

无论是电子邮件保护还是 SSL 网站安全连接，都需要申请证书（certification），才可以使用公钥与私钥来执行数据加密与身份验证的操作。证书就好像是汽车驾驶执照一样，必须拥有汽车驾驶执照（证书）才能开车（使用密钥）。而负责发放证书的机构被称为证书颁发机构（certification authority，CA）。

用户或网站的公钥与私钥是如何产生的呢？在申请证书时，需要输入姓名、地址与电子邮件地址等数据，这些数据会被发送到一个称为 CSP（cryptographic service provider）的程序，此程序已经被安装在申请者的计算机内或此计算机可以访问的设备内。

CSP 会自动建一对密钥：一个公钥与一个私钥。CSP 会将私钥存储到申请者计算机的注册表（registry）中，然后将证书申请数据与公钥一并发送给 CA。CA 检查这些数据无误后，会利用 CA 自己的私钥将要发放的证书进行签名，然后发放此证书。申请者收到证书后，将证书安装到他的计算机。

证书内包含了证书的颁发对象（用户或计算机）、证书有效期限、颁发此证书的 CA 与 CA 的数字签名（类似于汽车驾驶执照上的交通部盖章），还有申请者的姓名、地址、电子邮件地址、公钥等数据。

    用户计算机若安装了读卡设备，就可以利用智能卡来登录，不过也需要通过类似程序来申请证书，CSP 会将私钥存储到智能卡内。

1. CA 的信任

在 PKI 架构下，当用户利用某 CA 发放的证书来发送一封经过签名的电子邮件时，收件人的计算机应该要信任（trust）由此 CA 发放的证书，否则收件人的计算机会将此电子邮件视为有问题的邮件。

又如，客户端利用浏览器连接 SSL 网站时，客户端计算机也必须信任发放 SSL 证书给此网站的 CA，否则客户端浏览器会显示警告信息。

系统默认已经自动信任一些知名商业 CA，而在安装了 Windows 10 系统的计算机上可通过打开桌面版 Internet Explorer，按 Alt 键，选择"工具"→"Internet 选项"命令，打开

"Internet 选项"对话框,在"内容"选项卡中单击"证书"按钮,在"证书"对话框的"受信任的根证书颁发机构"选项卡中查看其已经信任的 CA,如图 10-4 所示。

图 10-4　受信任的根证书颁发机构

用户可以向上述商业 CA 申请证书,如 VeriSign,但若公司只是希望在各分公司、事业合作伙伴、供货商与客户之间,能够安全地通过 Internet 传送数据,则可以不需要向上述商业 CA 申请证书,因为可以利用 Windows Server 2016 的 Active Directory 证书服务(Active Directory certificate services)来自行配置 CA,然后利用此 CA 将证书发放给员工、客户与供货商等,并让他们的计算机信任此 CA。

注　意　　　Active Directory 证书服务可以不需要域环境。

2. AD CS 的 CA 种类

若通过 Windows Server 2016 的 Active Directory 证书服务(AD CS)来提供 CA 服务,则可以选择将此 CA 设置为以下角色之一。

(1) 企业根 CA(enterprise root CA):它需要 Active Directory 域,可以将企业根 CA 安装到域控制器或成员服务器。它发放证书的对象仅限于域用户,当域用户申请证书时,企业根 CA 会从 Active Directory 中得知该用户的账户信息并据以决定该用户是否有权利来申请所需证书。企业根 CA 主要应该用于发放证书给从属 CA,虽然企业根 CA 还是可以发放保护电子邮件安全、网站 SSL 安全连接等证书,不过应该将发放这些证书的工作交给从属 CA 来负责。

（2）企业从属 CA(enterprise subordinate CA)：企业从属 CA 也需要 Active Directory 域，企业从属 CA 适合用来发放保护电子邮件安全、网站 SSL 安全连接等证书。企业从属 CA 必须向其父 CA(如企业根 CA)取得证书之后，才会正常工作。企业从属 CA 也可以发放证书给下一层的从属 CA。

（3）独立根 CA(standalone root CA)：独立根 CA 类似于企业根 CA，但不需要 Active Directory 域，扮演独立根 CA 角色的计算机可以是独立服务器、成员服务器或域控制器。无论是否为域用户，都可以向独立根 CA 申请证书。

（4）独立从属 CA(standalone subordinate CA)：独立从属 CA 类似于企业从属 CA，但不需要 Active Directory 域，扮演独立从属 CA 角色的计算机可以是独立服务器、成员服务器或域控制器。无论是否为域用户，都可以向独立从属 CA 申请证书。

10.2　项目设计与准备

1. 项目设计

实现网站的 SSL 连接访问，拓扑图如图 10-5 所示。

角色：域控制器 & DNS服务器、Web服务器
计算机名：DNS1
IP地址：192.168.10.1/24
首选DNS：192.168.10.1
操作系统：Windows Server 2016

角色：成员服务器、独立根CA
计算机名：DNS2
IP地址：192.168.10.2/24
首选DNS：192.168.10.1
操作系统：Windows Server 2016

角色：证书服务器客户端、Web客户端
计算机名：WIN10-1
IP地址：192.168.10.10/24
操作系统：Windows Server 2016
首选DNS：192.168.10.1

图 10-5　实现网站的 SSL 连接访问拓扑图

在部署 CA 服务前需满足以下要求。

- DNS1：域控制器、DNS 服务器、Web 服务器，也可以部署企业 CA，IP 地址为 192.168.10.1/24，首选 DNS 为 192.168.10.1。
- DNS2：成员服务器（独立服务器也可以），部署独立根 CA，IP 地址为 192.168.10.2/24，首选 DNS 为 192.168.10.1。
- WIN10-1：客户端（使用 Windows 10 操作系统），IP 地址为 192.168.10.10/24，首选 DNS 为 192.168.10.1，安装了 Windows 10 系统的计算机 WIN10-1 信任独立根 CA。

注意　　　DNS1、DNS2、WIN10-1 可以是 VMware 的虚拟机，网络连接模式皆为 VMnet1。

2. 项目准备

只有为网站申请 SSL 证书,网站才会具备 SSL 安全连接的能力。若网站要向 Internet 用户提供服务,请向商业 CA 申请证书,如 VeriSign;若网站只是向内部员工、企业合作伙伴提供服务,则可自行利用 Active Directory 证书服务(AD CS)来配置 CA,并向此 CA 申请证书即可。我们将利用 AD CS 来配置 CA,并通过以下步骤演示 SSL 网站的配置。

(1)在 DNS2 上安装独立根 CA 为 long-DNS2-CA,也可以在 DNS1 上安装企业 CA 为 long-DNS1-CA。

(2)在 Web 客户端计算机上创建证书申请文件。

(3)利用浏览器将证书申请文件发送给 CA,然后下载证书文件。

- 企业 CA:由于企业 CA 会自动发放证书,因此在将证书申请文件发送给 CA 后,就可以直接下载证书文件。
- 独立根 CA:独立根 CA 默认并不会自动发放证书,因此必须等 CA 管理员手动发放证书后,再利用浏览器来连接 CA 并下载证书文件。

(4)将 SSL 证书安装到 IIS 计算机,并将其绑定(binding)到网站,该网站便拥有 SSL 安全连接的能力。

(5)测试客户端浏览器与网站之间 SSL 的安全连接功能是否正常。

利用如图 10-5 所示来练习 SSL 安全连接。

- 如图 10-5 所示要启用 SSL 的网站为计算机 DNS1 的 Web Test Site,其网址为 www.long.com,请先在此计算机添加 IIS 角色(提前做好)。
- DNS1 同时扮演 DNS 服务器角色,请添加 DNS 服务器角色,并建立正向查找区域 long.com。在该区域下建立别名记录 www1 和 www2,分别对应 IP 地址为 192.168.10.1 和 192.168.10.2。
- 独立根 CA 安装在 DNS2 上,其名称为 DNS2-CA。
- 需要在 WIN10-1 计算机上利用浏览器来连接 SSL 网站。CA2(DNS2)与 WIN10-1 计算机需指定首选 DNS 服务器 IP 地址为 192.168.10.1。

10.3 项目实施

任务 10-1 安装证书服务并架设独立根 CA

在 DNS2 上安装证书服务并架设独立根 CA。

安装证书服务并架设独立根 CA

1. 安装证书服务器

(1)请利用 Administrators 组成员的身份登录如图 10-5 所示的 DNS2,安装 CA2(若要安装企业根 CA,请利用域 Enterprise Admins 组成员的身份登录 DNS1,安装 CA)。

(2)打开"服务器管理器"窗口,单击仪表板处的"添加角色和功能"按钮,持续单击"下一步"按钮,直到打开如图 10-6 所示的"选择服务器角色"对话框时选中"Active Directory 证书服务"复选框,随后在弹出的"功能"对话框中单击"添加功能"按钮(如果没安装 Web 服务器,在此一并安装)。

(3)持续单击"下一步"按钮,直到打开如图 10-7 所示的界面,请确保选中"证书颁发机

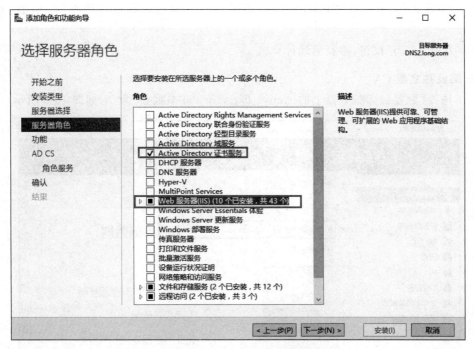

图 10-6　添加 AD CS 和 Web 服务器角色

构"和"证书颁发机构 Web 注册"复选框,单击"安装"按钮,顺便安装 IIS 网站,以便让用户利用浏览器来申请证书。

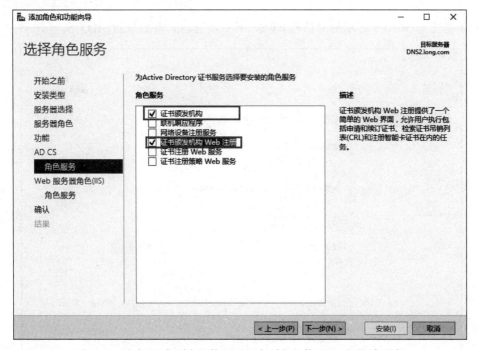

图 10-7　选中"证书颁发机构"和"证书颁发机构 Web 注册"复选框

(4) 持续单击"下一步"按钮,直到打开确认安装所选内容的对话框时,单击"安装"按钮。

(5) 单击"关闭"按钮,重新启动计算机。

2. 架设独立根 CA

(1) 选择"配置目标服务器上的 Active Directory 证书服务"命令,如图 10-8 所示。

图 10-8　配置目标服务器上的 Active Directory 证书服务

(2) 弹出如图 10-9 所示的对话框,单击"下一步"按钮,开始配置 AD CS。

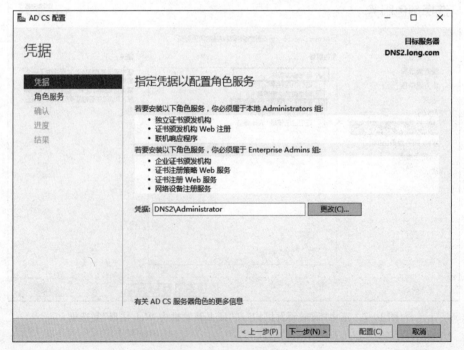

图 10-9　开始配置 AD CS

（3）选中"证书颁发机构"和"证书颁发机构 Web 注册"复选框，如图 10-10 所示，单击"下一步"按钮。

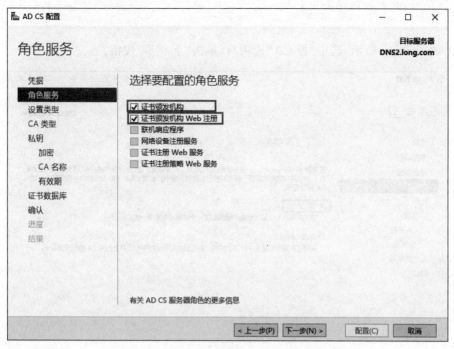

图 10-10 选择要配置的角色服务

（4）如图 10-11 所示，选择 CA 的类型为"独立 CA"后，单击"下一步"按钮。

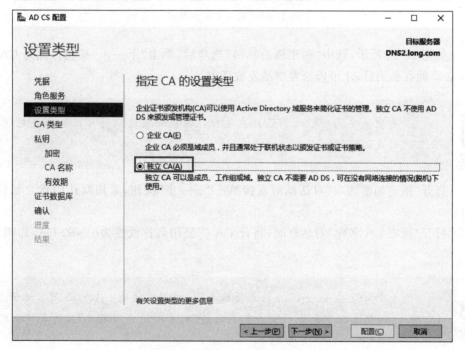

图 10-11 指定 CA 的设置类型

注意 若此计算机是独立服务器或用户不是利用域 Enterprise Admins 成员身份登录,就无法选择企业 CA。

(5) 如图 10-12 所示,选中"根 CA"选项后,单击"下一步"按钮。

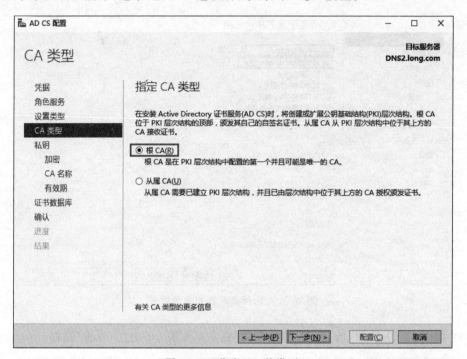

图 10-12　指定 CA 的类型

(6) 如图 10-13 所示,选中"创建新的私钥"选项后,单击"下一步"按钮。此为 CA 的私钥,CA 必须拥有私钥后,才可以给客户端发放证书。

 注意 若是重新安装 CA(之前已经在这台计算机安装过),则可以选择使用前一次安装时创建的私钥。

(7) 打开"指定加密选项"对话框时直接单击"下一步"按钮,采用默认的建立私钥的方法即可。

(8) 打开"指定 CA 名称"对话框时,将此 CA 的公用名称设置为 DNS2-CA,如图 10-14 所示。

 提示 由于 DNS2 是 long.com 的成员服务器,所以默认的 CA 的公用名称为 long-DNS2-CA,为区别于企业 CA,我们在此将"此 CA 的公用名称"改为 DNS2-CA。

(9) 单击"下一步"按钮。在弹出的"指定有效期"对话框中单击"下一步"按钮。CA 的

图 10-13　创建新的私钥

图 10-14　指定 CA 名称

有效期默认为 5 年。

（10）在打开的"指定数据库位置"对话框中单击"下一步"按钮,采用默认值即可。

（11）在弹出的"确认"的对话框中单击"配置"按钮,打开提示"结果"的对话框时单击"关闭"按钮。

（12）安装完成后,可按 Windows 徽标键,切换到"开始"菜单,选择"开始"→"Windows管理工具"→"证书颁发机构"命令或在服务器管理器中选择右上方的"工具"→"证书颁发机构"命令,打开证书颁发机构的管理窗口,以此来管理 CA。图 10-15 所示为独立根 CA 的管理窗口。

图 10-15 "证书颁发机构(本地)"窗口

若是企业 CA,则它是根据证书模板(见图 10-16)来发放证书的。例如,图 10-16 右方的用户模板内同时提供了可以用来对文件加密的证书、保护电子邮件安全的证书与验证客户端身份的证书(读者可以在 DNS1 上安装企业 CA,即 long-DNS1-CA)。

图 10-16 企业 CA 的证书模板

任务 10-2 DNS 与测试网站准备

将网站建立在 DNS1 上。

（1）在 DNS1 上配置 DNS,新建别名记录,如图 10-17 所示。DNS1(192.168.10.1)为www.long.com,DNS2(192.168.10.2)为 www2.long.com。

DNS 与测试
网站准备

图 10-17　在 DNS1 上配置 DNS

（2）在 DNS1 上配置 Web 服务器，停用网站 Default Web Site，重新建立测试网站，其对应的 IP 地址为 192.168.10.1，网站的主目录是 C:\Web，如图 10-18 所示。

图 10-18　新建 SSL 测试网站

（3）为了测试 SSL 测试网站是否正常，在网站主目录下（假设是 C:\Web），利用记事本创建文件名为 index.htm 的首页文件，如图 10-19 所示。建议先在文件资源管理器内，单击"查看"菜单按钮，选中"扩展名"选项，这样在建立文件时才不容易弄错扩展名，同时才能看到文件 index.htm 的扩展名为.htm，如图 10-19 所示。

图 10-19　在主目录下创建文件 index.htm

任务 10-3 让浏览器计算机 WIN10-1 信任 CA

网站 Web(DNS1)与运行浏览器的计算机 WIN10-1 都应该信任发放 SSL 证书的 CA(DNS2),否则浏览器在利用 https(SSL)连接网站时会提示警告信息。

让浏览器计算机信任 CA

若是企业 CA,而且网站与浏览器计算机都是域成员,则它们都会自动信任此企业 CA。然而图 10-5 所示的 CA 为独立根 CA,且 WIN10-1 没有加入域,故需要在这台计算机上手动执行信任 CA 的操作。以下步骤是让图 10-5 所示的安装了 Windows 10 系统的计算机 WIN10-1 信任独立根 CA。

(1) 在 WIN10-1 上打开 Internet Explorer,并输入 URL 路径 http://192.168.10.2/certsrv,其中 192.168.10.2 为独立根 CA 的 IP 地址,此处也可改为 CA 的 DNS 主机名(http://www2.long.com/certsrv)或 NetBIOS 计算机名称。

(2) 如图 10-20 所示,单击"下载 CA 证书、证书链或 CRL"按钮。

图 10-20 下载 CA 证书

注意

若客户端为 Windows Server 2016 计算机,则先将其 IE 增强的安全配置关闭,否则系统会阻挡其连接 CA 网站:打开服务器管理器,单击选中"本地服务器"选项,单击"IE 增强的安全配置"右方的"启用"链接按钮,选中"管理员"选项区中的"关闭"选项,如图 10-21 所示。

(3) 如图 10-22 所示,单击"下载 CA 证书"链接按钮,然后在弹出的对话框中单击"保存"右侧的下拉列表框按钮,选择"另存为"命令,将证书下载到本地"C:\cert\certnew.p7b"文件夹。默认的文件名为 certnew.p7b。

(4) 右击"开始"菜单按钮,在弹出的快捷菜单中选择"运行"命令,在打开的"运行"对话框中输入 mmc 命令,然后单击"确定"按钮。选择"文件"→"添加/删除管理单元"命令,然后从可用的管理单元列表中选中"证书"选项后单击"添加"按钮,如图 10-23 所示,选中"计算机账户"选项,之后依序单击"下一步""完成""确定"按钮。

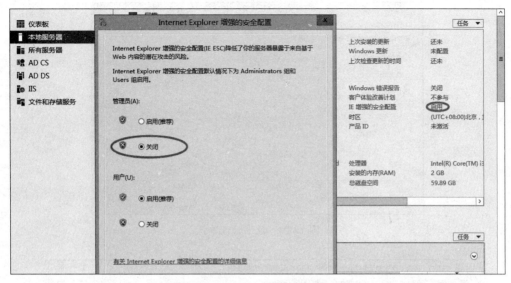

图 10-21　关闭 IE 增强的安全配置

图 10-22　保存证书文件到本地

（5）在控制台窗口中展开"受信任的根证书颁发机构"节点，选中并在"证书"选项上右击，在弹出的快捷菜单中选择"所有任务"→"导入"命令，如图 10-24 所示。

（6）在打开的"证书导入向导"对话框中单击"下一步"按钮。如图 10-25 所示，选择之前下载的 CA 证书链文件后，单击"下一步"按钮。

（7）依次单击"下一步""完成""确定"按钮。图 10-26 所示为完成后的控制台窗口。

图 10-23　证书管理单元

图 10-24　选择"所有任务"→"导入"命令

图 10-25　选择要导入的文件

图 10-26　完成后的控制台窗口

任务 10-4　在 Web 服务器上配置证书服务

在扮演网站 www.long.com 角色的 Web 计算机 DNS1 上执行以下操作。

1. 在网站上创建证书申请文件

（1）选择"开始"→"Windows 管理工具"→"Internet Information Services(IIS)管理器"命令。

（2）选中 DNS1 选项，双击"服务器证书"链接按钮，单击"创建证书申请"按钮，如图 10-27 所示。

在 Web 服务器上配置证书服务

图 10-27　创建证书申请

（3）如图 10-28 所示，输入网站的相关数据后单击"下一步"按钮。

注意　　　　因为在通用名称处输入的网址被定义为 www.long.com，故客户端需使用此网址来连接 SSL 网站。

图 10-28　可分辨名称属性

（4）如图 10-29 所示，直接单击"下一步"按钮即可。图 10-29 中的"位长"下拉列表框是用来选择网站公钥的位长，位长越大，安全性越高，但效率越低。

图 10-29　加密服务提供程序属性

（5）如图 10-30 所示，指定证书申请文件名与存储位置（本例为 C:\WebCert）后，单击"完成"按钮。

图 10-30　指定证书申请文件名

2. 申请证书与下载证书

请继续在扮演网站角色的计算机 DNS1 上执行以下操作（以下是针对独立根 CA，但会附带说明企业 CA 的操作）。

（1）将 IE 增强的安全配置关闭，否则系统会阻挡其连接 CA 网站：打开服务器管理器，单击选中本地服务器，单击"IE 增强的安全配置"右方的"启用"按钮，选中"管理员"选项区中的"关闭"选项。

（2）打开 Internet Explorer，并输入 URL 路径 http://192.168.10.2/certsrv。

其中，192.168.10.2 为如图 10-5 所示独立根 CA 的 IP 地址，此处也可改为 CA 的 DNS 主机名 www2.long.com 或 NetBIOS 计算机名称。

（3）如图 10-31 所示依次单击"申请证书"→"高级证书申请"链接按钮。

注意　　若是向企业 CA 申请证书，则系统会先要求输入用户账户与密码，此时请输入域系统管理员账户（如 long\administrator）与密码。

（4）如图 10-32 所示，选择第二个选项。

（5）在开始下一个步骤之前，请先利用记事本打开前面的证书申请文件 C:\webcert.txt，然后复制整个文件的内容，如图 10-33 所示。

（6）将复制下来的内容，粘贴到如图 10-34 所示的界面中的"Base-64 编码的证书申请"文本框中，完成后单击"提交"按钮。

图 10-31 申请一个证书

图 10-32 高级证书申请

图 10-33 复制整个证书申请文件

图 10-34　提交一个证书申请或续订申请

 　　若是企业 CA，则将复制下来的内容粘贴到如图 10-35 所示的"Base-64 编码的证书申请"文本框中，在"证书模板"下拉列表中选择"Web 服务器"选项后，单击"提交"按钮，然后直接跳到步骤(10)。

图 10-35　提交一个证书申请或续订申请(企业 CA)

　　(7) 因为独立根 CA 默认并不会自动颁发证书，故按图 10-36 所示的要求，等 CA 系统管理员发放此证书后，再来连接 CA 与下载证书。该证书 ID 为 2。

　　(8) 到 CA 计算机(DNS2)上按 Windows 键切换到"开始"菜单，选择"Windows 管理工具"→"证书颁发机构"→"挂起的申请"命令，再在如图 10-37 所示的证书请求上右击，在弹

出的快捷菜单中选择"所有任务"→"颁发"命令。颁发完成后,该证书由挂起的申请移到颁
发的证书。

图 10-36　等待 CA 系统管理员发放此证书

图 10-37　CA 系统管理员发放此证书

(9) 在网站计算机(DNS1)上打开网页浏览器,连接到 CA 网页(如 http://192.168.10.
2/certsrv),按图 10-38 所示进行选择。

图 10-38　查看挂起的证书申请的状态

（10）如图 10-39 所示，单击"下载证书"链接按钮，再单击"保存"按钮，选择将证书保存到本地，默认的文件名为 certnew.cer。

图 10-39　下载证书并保存在本地

　　　　　该证书默认保存在用户的 downloads 文件夹下，如 C:\users\administrator\downloads\certnew.cer。如果选择"另存为"选项，则可以更改此默认文件夹。

3. 安装证书（DNS1）

将从 CA 下载的证书安装到 IIS 计算机（DNS1）上。

（1）如图 10-40 所示，选中 DNS1 选项，双击"服务器证书"链接按钮，单击"完成证书申请"链接。

图 10-40　完成证书申请

（2）如图 10-41 所示，选择前面下载的证书文件，为其设置好记的名称（如 SSL 测试网站 Certificate），将证书存储到"个人"证书存储区，单击"确定"按钮。

图 10-41　指定证书颁发机构响应的文件名

（3）图 10-42 所示为完成后的 IIS 管理器窗口。

图 10-42　完成后的 IIS 管理器窗口

4. 绑定 https 通信协议

（1）将 https 通信协议绑定到"SSL 测试网站"。在控制台窗口中单击"SSL 测试网站"选项右窗格中的"绑定"按钮，如图 10-43 所示。

图 10-43　Default Web Site 主页设置

（2）在打开的"网站绑定"对话框单击"添加"按钮，在"类型"下拉列表中选择 https 选项，在"SSL 证书"下拉列表中选择"SSL 测试网站 Certificate"选项后，单击"确定"按钮，再单击"关闭"按钮，如图 10-44 所示。

图 10-44　添加网站绑定

（3）图 10-45 所示为完成后的界面。

图 10-45　网站绑定完成后的 IIS 管理器窗口

测试 SSL 安全连接

任务 10-5　测试 SSL 安全连接(WIN10-1)

(1) 利用如图 10-5 所示的 WIN10-1 计算机来尝试与 SSL 网站建立 SSL 安全连接。打开桌面版 Internet Explorer,然后利用一般连接方式 http://192.168.10.1 来连接网站,此时应该会看到如图 10-46 所示的界面。

图 10-46　测试网站正常运行

(2) 利用 SSL 安全连接方式 https://192.168.10.1 来连接网站,此时应该会看到如图 10-47 所示的警告界面,单击"详细信息"链接将内容展开,提示这台 WIN10-1 计算机并未信任发放 SSL 证书的 CA,此时仍然可以单击下方的"转到此网页(不推荐)"链接来打开网页,或先执行信任的操作后再来测试。

注　意

　　如果确定所有的设置都正确,但是在这台 Windows 10 计算机的浏览器界面上却没有出现应该有的结果,则将 Internet 临时文件删除后再试试看,方法为:按 Alt 快捷键,选择"工具"→"Internet 选项"命令,单击"浏览历史记录"处的"删除"按钮,确认"Internet 临时文件"选项已选中后,单击"删除"按钮,或是按 Ctrl+F5 组合键。要求不要读取临时文件,而是直接连接网站。

(3) 系统默认并未强制客户端需要利用 https 的 SSL 方式来连接网站,因此也可以通过 http 方式来连接。若要强制针对整个网站、单一文件夹或单一文件来设置。以整个网站为

图 10-47　利用 SSL 安全连接方式"https://192.168.10.1"

例,其设置方法为:单击选中网站"SSL 测试网站"选项,选中"要求 SSL"选项后,单击"应用"按钮,如图 10-48 所示。

图 10-48　设置整个网站要求 SSL

　①如果仅对某个文件夹,那么选中要设置的文件夹而不是整个网站。②若要针对单一文件设置,则先单击选中文件所在的文件夹,单击中间下方的"内容视图"按钮,再单击右方的"切换至功能视图"按钮,通过中间的"SSL 设置"来设置。

(4) 在客户端 WIN10-1 上再次进行测试。打开浏览器,输入 http://192.168.10.1 或者 http://www.long.com。由于需要 SSL 链接,所以出现错误,如图 10-49 所示。

(5) 打开浏览器,输入访问地址后,此时应该会看到如图 10-47 所示的警告界面,表示这

图 10-49　非 SSL 连接被禁止访问

台 WIN10-1 计算机并未信任发放 SSL 证书的 CA,此时仍然可以单击下方的"转到此网页(不推荐)"链接按钮来打开网页。不过请注意,在打开网站的同时,也出现证书错误信息"不匹配的地址",如图 10-50 所示。因为在前面设置的通用名称是 www.long.com,不是 192.168.10.1。

图 10-50　证书错误:不匹配的地址

(6)在浏览器地址栏中输入 https://www.long.com,可以正常访问网站,如图 10-51 所示。

图 10-51　成功访问 SSL 网站

10.4　习题

1. 填空题

(1)数字签名通常利用公钥加密方法实现,其中发送者签名使用的密钥为发送者的_____。

(2) 身份验证机构的_____可以确保证书信息的真实性,用户的_____可以保证数字信息传输的完整性,用户的_____可以保证数字信息的不可否认性。

(3) 认证中心颁发的数字证书均遵循_____标准。

(4) PKI 的中文名称是_____,英文全称是_____。

(5) _____专门负责数字证书的发放和管理,以保证数字证书的真实可靠,也称_____。

(6) Windows Server 2016 支持两类认证中心:_____和_____。每类 CA 中都包含根 CA 和从属 CA。

(7) 申请独立 CA 证书时,只能通过_____方式。

(8) 独立 CA 在收到申请信息后,不能自动核准与发放证书,需要_____证书,然后客户端才能安装证书。

2. 简答题

(1) 对称密钥和非对称密钥的特点各是什么?

(2) 什么是数字证书?

(3) 证书的用途是什么?

(4) 企业根 CA 和独立根 CA 有什么不同?

(5) 安装 Windows Server 2016 认证服务的核心步骤是什么?

(6) 证书与 IIS 结合实现 Web 站点的安全性的核心步骤是什么?

(7) 简述证书的颁发过程。

10.5   实训项目   实现网站的 SSL 连接访问

1. 实训目的

• 掌握企业 CA 的安装与证书申请。

• 掌握数字证书的管理方法及技巧。

2. 项目背景

本项目需要计算机 2 台,DNS 域为 long.com。一台安装 Windows Server 2016 企业版,用作 CA 服务器、DNS 服务器和 Web 服务器,IP 地址为 192.168.10.2/24,DNS 为 192.168.10.2,计算机名为 DNS2;另一台安装 Windows 10 操作系统作为客户端进行测试,IP 地址为 192.168.10.10,DNS 为 192.168.10.2,计算机名为 WIN10-1。

另外,需要 Windows Server 2016 安装光盘或其映像、Windows 10 安装光盘或其映像文件。

3. 项目要求

在默认情况下,IIS 使用 HTTP 以明文形式传输数据,没有采取任何加密措施,用户的重要数据很容易被窃取。如何才能保护局域网中的重要数据呢?可以利用 CA 证书使用 SSL 增强 IIS 服务器的通信安全。

SSL 网站不同于一般的 Web 站点,它使用的是 https,而不是普通的 http。因此它的 URL(统一资源定位器)格式为"https://网站域名"。

具体实现方法如下。

（1）在 DNS2 网络中安装证书服务。

安装独立根 CA，设置证书的有效期限为 5 年，指定证书数据库和证书数据库日志采用默认位置。

（2）在 DNS2 中利用 IIS 创建 Web 站点。

利用 IIS 创建一个 Web 站点。注意创建 www1.long.com(192.168.10.2)的主机或别名记录。

（3）让客户端计算机 WIN10-1 信任 CA。

（4）服务端（Web 站点）安装证书。

① 在网站上创建证书申请文件。

设置参数如下。

- 此网站使用的方法是"新建证书"，并且立即请求证书。
- 新证书的名称是 smile，加密密钥的位长是 512。
- 单位信息：组织名 jn(济南)和部门名称×××(数字工程学院)。
- 站点的公用名称：www1.long.com。
- 证书的地理信息：中国，山东省，济南市。

② 安装证书。

③ 绑定 https 协议。强制客户端需要利用 https 的 SSL 方式来连接网站。

（5）进行安全通信（即验证实验结果）。

① 利用普通的 HTTP 浏览，将会得到错误信息"该网页必须通过安全频道查看"。

② 利用 https://192.168.10.2 浏览，系统将通过 IE 浏览器提示客户 Web 站点的安全证书问题，单击"确定"按钮，可以浏览到站点。

③ 利用 https://www1.long.com 浏览，可以浏览到站点。

提示

　　客户端将向 Web 站点提供自己从 CA 申请的证书给 Web 站点，此后客户端（IE 浏览器）和 Web 站点之间的通信就被加密了。

项目 11
配置与管理 VPN 服务器

项目背景

作为网络管理员,必须熟悉网络安全保护的各种策略环节以及可以采取的安全措施,这样才能合理地进行安全管理,使得网络和计算机处于安全保护的状态。

虚拟专用网(virtual private network,VPN)可以让远程用户通过因特网来安全地访问公司内部网络的资源。

项目目标

- 理解 VPN 的基本概念和基本原理。
- 理解远程访问 VPN 的构成和连接过程。
- 掌握配置并测试远程访问 VPN 的方法。
- 掌握 VPN 服务器的网络策略的配置。

11.1 相关知识

远程访问(remote access)也被称为远程接入,通过这种技术,可以将远程或移动用户连接到组织内部网络上,使远程用户可以像他们的计算机物理地连接到内部网络上一样工作。实现远程访问最常用的连接方式就是 VPN 技术。目前,互联网中的多个企业网络常常选择 VPN 技术(通过加密技术、验证技术、数据确认技术的共同应用)连接起来,就可以轻易地在 Internet 上建立一个专用网络,让远程用户通过 Internet 来安全地访问网络内部的网络资源。

虚拟专用网(virtual private network,VPN)是指在公共网络(通常为 Internet 中)建立一个虚拟的、专用的网络,是 Internet 与 Intranet 之间的专用通道,为企业提供一个高安全、高性能、简便易用的环境。当远程的 VPN 客户端通过 Internet 连接到 VPN 服务器时,它们之间所传送的信息会被加密,所以即使信息在 Internet 传送的过程中被拦截,也会因为信息已被加密而无法识别,因此可以确保信息的安全性。

VPN 服务器

11.1.1 VPN 的构成

1. 远程访问 VPN 服务器

该服务器用于接收并响应 VPN 客户端的连接请求,并建立 VPN 连接。它可以是专用的 VPN 服务器设备,也可以是运行 VPN 服务的主机。

2. VPN 客户端

VPN 客户端用于发起连接 VPN 连接请求,通常为 VPN 连接组件的主机。

3. 隧道协议

VPN 的实现依赖于隧道协议,通过隧道协议,可以将一种协议用另一种协议或相同协议封装,同时还可以提供加密、认证等安全服务。VPN 服务器和客户端必须支持相同的隧道协议,以便建立 VPN 连接。目前最常用的隧道协议有 PPTP 和 L2TP 两种。

(1) PPTP(point to point tunneling protocol,点对点隧道协议):点对点协议(point to point protocol,PPP)的扩展,并协调使用 PPP 的身份验证、压缩和加密机制。PPTP 客户端支持内置于 Windows XP 远程访问客户端。只有 IP 网络(如 Internet)才可以建立 PPTP 的 VPN。两个局域网之间若通过 PPTP 来连接,则两端直接连接到 Internet 的 VPN 服务器必须要支持 TCP/IP,但网络内的其他计算机不一定需要支持 TCP/IP,它们可采用 TCP/IP、IPX 或 NetBEUI 通信协议,因为当它们通过 VPN 服务器与远程计算机通信时,这些不同通信协议的数据包会被封装到 PPP 的数据包内,然后经过 Internet 传送信息到达目的地后,再由远程的 VPN 服务器将其还原为 TCP/IP、IPX、NetBEUI 的数据包。PPTP 是利用微软点对点加密(Microsoft point to point encryption,MPPE)技术来将信息加密。PPTP 的 VPN 服务器支持内置于 Windows Server 2003 家族的成员。PPTP 与 TCP/IP 一同安装,根据运行路由和远程访问服务器安装向导时所做的选择,PPTP 可以配置为 5 个或 128 个 PPTP 端口。

(2) L2TP(layer two tunneling protocol,第二层隧道协议):基于 RFC 的隧道协议,该协议是一种业内标准。L2TP 同时具有身份验证、加密与数据压缩的功能。L2TP 的验证与加密方法都是采用 IPSec。与 PPTP 类似,L2TP 也可以将 IP、IPX 或 NetBEUI 的数据包封装到 PPP 的数据包内。与 PPTP 不同,运行在 Windows Server 2016 服务器上的 L2TP 不利用 Microsoft 点对点加密(MPPE)来加密点对点协议(PPP)数据报。L2TP 依赖于加密服务的 Internet 协议安全性(IPSec)。L2TP 和 IPSec 的组合被称为 L2TP/IPSec。L2TP/IPSec 提供专用数据的封装和加密的主要虚拟专用网(VPN)服务。VPN 客户端和 VPN 服务器必须支持 L2TP 和 IPSec。L2TP 的客户端支持内置于 Windows 10 远程访问客户端,而 L2TP 的 VPN 服务器支持内置于 Windows Server 2016 家族的成员。L2TP 与 TCP/IP 一同安装,根据运行路由和远程访问服务器安装向导时所做的选择,L2TP 可以配置为 5 个或 128 个 L2TP 端口。

4. Internet 连接

VPN 服务器和客户端必须都接入 Internet,并且能够通过 Internet 进行正常的通信。

11.1.2 VPN 应用场合

VPN 的实现可以分为软件和硬件两种方式。Windows 服务器版的操作系统以完全基于软件的方式实现了虚拟专用网,成本非常低廉。无论身处何地,只要能连接到 Internet,就可以与企业网在 Internet 上的虚拟专用网相关联,登录到内部网络浏览或交换信息。

一般来说,VPN 在以下两种场合使用。

1. 远程客户端通过 VPN 连接到局域网

总公司(局域网)的网络已经连接到 Internet,而用户在远程拨号连接 ISP 连上 Internet 后,就可以通过 Internet 来与总公司(局域网)的 VPN 服务器建立 PPTP 或 L2TP 的 VPN,并通过 VPN 来安全地传送信息。

2. 两个局域网通过 VPN 互联

两个局域网的 VPN 服务器都连接到 Internet,并且通过 Internet 建立 PPTP 或 L2TP 的 VPN,它可以让两个网络之间安全地传送信息,不用担心在 Internet 上传送时泄密。

除了使用软件方式实现外,VPN 的实现需要建立在交换机、路由器等硬件设备上。目前,在 VPN 技术和产品方面,最具有代表性的是 Cisco 和华为 3Com 技术和产品。

11.1.3 VPN 的连接过程

VPN 的连接过程如下。

(1) 客户端向服务器连接 Internet 的接口发送建立 VPN 连接的请求。

(2) 服务器接收到客户端建立连接的请求之后,将对客户端的身份进行验证。

(3) 如果身份验证未通过,则拒绝客户端的连接请求。

(4) 如果身份验证通过,则允许客户端建立 VPN 连接,并为客户端分配一个内部网络的 IP 地址。

(5) 客户端将获得的 IP 地址与 VPN 连接组件绑定,并使用该地址与内部网络进行通信。

11.1.4 认识网络策略

1. 什么是网络策略

部署网络访问保护(network access protection,NAP)时,将向网络策略配置中添加健康策略,以便在授权的过程中使用网络策略服务器(network policy server,NPS)执行客户端健康检查。

当处理作为 RADIUS 服务器的连接请求时,网络策略服务器对此连接请求既执行身份验证,也执行授权。在身份验证过程中,NPS 验证连接到网络的用户或计算机的身份。在授权过程中,NPS 确定是否允许用户或计算机访问网络。

若要进行此决定,NPS 使用在 NPS Microsoft 管理控制台(Microsoft management console,MMC)管理单元中配置的网络策略。NPS 还检查 Active Directory 域服务(AD DS)中账户的拨入属性以执行授权。

可以将网络策略视为规则。每个规则都具有一组条件和设置。NPS 将规则的条件与连接请求的属性进行对比。如果规则和连接请求之间出现匹配,则规则中定义的设置会应用于连接。

当在 NPS 中配置了多个网络策略时,它们是一组有序规则。NPS 根据列表中的第一个规则检查每个连接请求,然后根据第二个规则进行检查,依次类推,直到找到匹配项为止。

每个网络策略都有"策略状态"设置,使用该设置可以启用或禁用策略。如果禁用网络策略,则授权连接请求时,NPS 不评估策略。

2. 网络策略属性

每个网络策略中都有以下 4 种类别的属性。

（1）概述。使用这些属性可以指定是否启用策略、是允许还是拒绝访问策略，以及连接请求是需要特定网络连接方法还是需要网络访问服务器类型。使用概述属性还可以指定是否忽略 AD DS 中的用户账户的拨入属性。如果选择该选项，则 NPS 只使用网络策略中的设置来确定是否授权连接。

（2）条件。使用这些属性，可以指定为了匹配网络策略，连接请求所必须具有的条件。如果策略中配置的条件与连接请求匹配，则 NPS 将把网络策略中指定的设置应用于连接。例如，如果将网络访问服务器 IPv4 地址（NAS IPv4 地址）指定为网络策略的条件，并且 NPS 从具有指定 IP 地址的 NAS 接收连接请求，则策略中的条件与连接请求相匹配。

（3）约束。约束是匹配连接请求所需的网络策略的附加参数。如果连接请求与约束不匹配，则 NPS 自动拒绝该请求。与 NPS 对网络策略中不匹配条件的响应不同，如果约束不匹配，则 NPS 不评估附加网络策略，只拒绝连接请求。

（4）设置。使用这些属性，可以指定在策略的所有网络策略条件都匹配时，NPS 应用于连接请求的设置。

11.2 项目设计与准备

1. 任务设计

所有任务将根据如图 11-1 所示的环境部署远程访问 VPN 服务器。

图 11-1　架设 VPN 服务器网络拓扑图

DNS1、DNS2、WIN10-1 可以是 VMWare 的虚拟机。内部网络的连接方式是 VMnet1、外部网络的连接方式是 VMnet2。VPN 客户端与内部网络间实际应用中应该有路由通达，图 11-1 仅是实训时所用网络拓扑图，请读者注意。

2. 任务准备

部署远程访问 VPN 服务之前，应做以下准备。

（1）使用提供远程访问 VPN 服务的 Windows Server 2016 操作系统。

（2）VPN 服务器 DNS1 至少要有两个网络连接。IP 地址设置如图 11-1 所示。

（3）VPN 服务器 DNS1 必须与内部网络相连，因此需要配置与内部网络连接所需要的

TCP/IP 参数(私有 IP 地址),该参数可以手工指定,也可以通过内部网络中的 DHCP 服务器自动分配。本任务中 DNS1 的 IP 地址为 192.168.10.1/24,内网 DNS2 的 IP 地址为 192.168.10. 2/24。

(4) VPN 服务器必须同时与 Internet 相连,因此需要建立和配置与 Internet 的连接。 VPN 服务器与 Internet 的连接通常采用较快的连接方式,如专线连接。本任务 IP 地址为 200.200.200.1/24。

(5) 合理规划分配给 VPN 客户端的 IP 地址。VPN 客户端在请求建立 VPN 连接时, VPN 服务器需要为其分配内部网络的 IP 地址。配置的 IP 地址也必须是内部网络中不使用的 IP 地址,地址的数量根据同时建立 VPN 连接的客户端数量来确定。在本任务中部署远程访问 VPN 时,使用静态 IP 地址池为远程访问客户端分配 IP 地址,地址范围采用 192. 168.100.100/24~192.168.100.200/24。

(6) 客户端在请求 VPN 连接时,服务器要对其进行身份验证,因此应合理规划需要建立 VPN 连接的用户账户。客户端 IP 地址为 200.200.200.2/24。

11.3　项目实施

架设 VPN
服务器

任务 11-1　架设 VPN 服务器

在架设 VPN 服务器之前,读者需要了解本节实例部署的需求和实验环境。本书使用 VMware Workstation 或 Hyper-V 服务器构建虚拟环境。

1. 为 VPN 服务器 DNS1 添加第二块网卡

选中 DNS1,依次选择"虚拟机"→"设置"→"添加硬件"→"网络适配器"选项,如图 11-2 所示,单击"完成"按钮,将网卡的连接方式改为自定义中的 VMnet2,如图 11-3 所示。

图 11-2　选择硬件类型

图 11-3　选择网络连接方式

2. 未连接到 VPN 服务器时的测试(WIN10-1)

(1) 以管理员身份登录 WIN10-1 计算机,打开 Windows PowerShell 或者在"运行"对话框中输入 cmd 命令。

(2) 在 WIN10-1 上使用 ping 命令测试与 DNS1 和 DNS2 的连通性,如图 11-4 所示。

图 11-4　未连接 VPN 服务器时的测试结果

3. 安装"路由和远程访问服务"角色

要配置 VPN 服务器,必须安装"路由和远程访问"服务。Windows Server 2016 中的路由和远程访问是包括在"网络策略和访问服务"角色中的,并且默认没有安装。用户可以根据自己的需要选择同时安装网络策略和访问服务中的所有服务组件或者只安装路由和远程访问服务。

路由和远程访问服务的安装步骤如下。

(1)以管理员身份登录服务器 DNS1,打开"服务器管理器"窗口的"仪表板",单击"添加角色功能"按钮,打开如图 11-5 所示的"选择服务器角色"对话框,选中"网络策略和访问服务"和"远程访问"复选框。

图 11-5　"选择服务器角色"对话框

(2)持续单击"下一步"按钮,打开"网络策略和访问服务"的"角色服务"对话框,网络策略和访问服务中包括网络策略服务器、健康注册机构和主机凭据授权协议角色服务,选中"网络策略服务器"复选框。

(3)单击"下一步"按钮,打开"远程访问"的"角色服务"对话框。将角色服务的选项全部选中,如图 11-6 所示。

(4)最后单击"安装"按钮即可开始安装,完成后打开"安装结果"对话框。

4. 配置并启用 VPN 服务

在已经安装"路由和远程访问"角色服务的计算机 DNS1 上通过"路由和远程访问"控制台配置并启用路由和远程访问,具体步骤如下。

1)运行路由和远程访问服务器安装向导

(1)以域管理员账户登录到需要配置 VPN 服务的计算机 DNS1 上,选择"开始"→

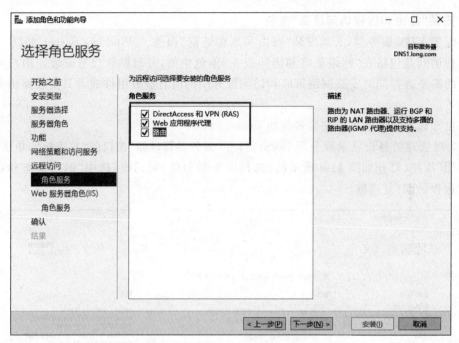

图 11-6 选择"远程访问"的"角色服务"对话框

"Windows 管理工具"→"路由和远程访问"命令,打开如图 11-7 所示的"路由和远程访问"窗口。

图 11-7 "路由和远程访问"窗口

(2) 在左窗格中右击服务器"DNS1(本地)"选项,在弹出的快捷菜单中选择"配置并启用路由和远程访问"命令,打开"路由和远程访问服务器安装向导"对话框。

2) 选择 VPN 连接

(1) 单击"下一步"按钮,打开"配置"对话框,在该对话框中可以配置 NAT、VPN 以及路由服务,在此选中"远程访问(拨号或 VPN)"单选按钮,如图 11-8 所示。

(2) 单击"下一步"按钮,打开"远程访问"对话框,在该对话框中可以选择创建拨号或 VPN 远程访问连接,在此选中 VPN 复选框,如图 11-9 所示。

图 11-8　选择"远程访问(拨号或 VPN)"单选按钮

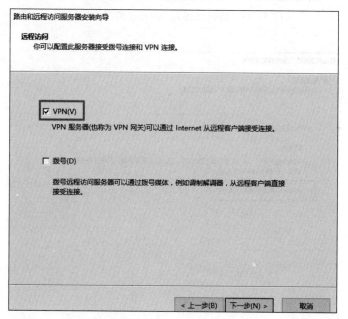

图 11-9　选择 VPN

3）选择连接到 Internet 的网络接口

单击"下一步"按钮,打开"VPN 连接"对话框,在该对话框中选择连接到 Internet 的网络接口,在此选择 Ethernet1 连接接口,如图 11-10 所示。

4）设置 IP 地址分配

（1）单击"下一步"按钮,打开"IP 地址分配"对话框,在该对话框中可以设置分配给

　　VPN 客户端计算机的 IP 地址从 DHCP 服务器获取或是指定一个范围,在此选中"来自一个指定的地址范围"选项,如图 11-11 所示。

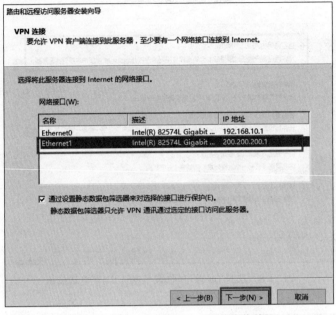

图 11-10　选择连接到 Internet 的网络接口

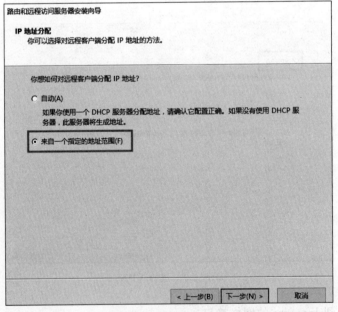

图 11-11　IP 地址分配

　　(2) 单击"下一步"按钮,打开"地址范围分配"对话框,在该对话框中指定 VPN 客户端计算机的 IP 地址范围。

　　(3) 单击"新建"按钮,打开"新建 IPv4 地址范围"对话框,在"起始 IP 地址"文本框中输入

192.168.100.100,在"结束 IP 地址"文本框中输入 192.168.100.200,如图 11-12 所示,然后单击"确定"按钮即可。

图 11-12　输入 VPN 客户端 IP 地址范围

(4) 返回到"地址范围分配"对话框,可以看到已经指定了一段 IP 地址范围。

5) 结束 VPN 配置

(1) 单击"下一步"按钮,打开"管理多个远程访问服务器"对话框。在该对话框中可以指定身份验证的方法是路由和远程访问服务器还是 RADIUS 服务器。在此选中"否,使用路由和远程访问来对连接请求进行身份验证"单选按钮,如图 11-13 所示。

图 11-13　管理多个远程访问服务器

（2）单击"下一步"按钮，打开"摘要"对话框，在该对话框中显示了之前步骤所设置的信息。

（3）单击"完成"按钮，最后单击"确定"按钮。

6）查看 VPN 服务器状态

（1）完成 VPN 服务器的创建，返回到如图 11-14 所示的"路由和远程访问"对话框。由于目前已经启用了 VPN 服务，所以显示绿色向上的标识箭头。

图 11-14　VPN 配置完成后的效果

（2）在"路由和远程访问"窗口中，展开服务器，单击选中"端口"选项，在右窗格中显示所有端口的状态为"不活动"，如图 11-15 所示。

图 11-15　查看端口状态

（3）在"路由和远程访问"窗口中，展开服务器，单击选中"网络接口"选项，在右窗格中显示 VPN 服务器上的所有网络接口，如图 11-16 所示。

5. 停止和启动 VPN 服务

要启动或停止 VPN 服务，可以使用 net 命令、"路由和远程访问"控制台或"服务"控制台，具体步骤如下。

图 11-16　查看网络接口

（1）使用 net 命令。以域管理员账户登录 VPN 服务器 DNS1 上，在"命令行提示符"窗口中输入命令 net stop remoteaccess，停止 VPN 服务；输入命令 net start remoteaccess，启动 VPN 服务。

（2）使用"路由和远程访问"控制台。在"路由和远程访问"窗口中，右击服务器 DNS1，在弹出的快捷菜单中选择"所有任务"→"停止"（"启动"）命令，即可停止（启动）VPN 服务。

VPN 服务停止以后，在"路由和远程访问"控制台窗口如图 11-7 所示，显示红色向下标识箭头。

（3）使用"服务"控制台。选择"服务器管理器"窗口中的"工具"→"服务"命令，打开"服务"控制台窗口，单击服务 Routing and Remote Access 项，单击"停止此服务"或"重启动此服务"按钮即可停止或启动 VPN 服务，如图 11-17 所示。

图 11-17　使用"服务"控制台启动或停止 VPN 服务

6. 配置域用户账户允许 VPN 连接

在域控制器 DNS1 上设置允许用户 Administrator@long.com 使用 VPN 连接到 VPN 服务器的具体步骤如下。

(1) 以域管理员账户登录到域控制器上 DNS1,打开"Active Directory 用户和计算机"控制台窗口。依次打开 long.com 和 Users 节点,右击用户 Administrator,在弹出的快捷菜单中选择"属性"命令,打开"Administrator 属性"对话框。

(2) 在"Administrator 属性"对话框中单击选中"拨入"选项卡。在"网络访问权限"选项区域中选中"允许访问"单选框,如图 11-18 所示,最后单击"确定"按钮。

图 11-18 "Administrator 属性"对话框

7. 在 VPN 端建立并测试 VPN 连接

在 VPN 端计算机 WIN10-1 上建立 VPN 连接并连接到 VPN 服务器上,具体步骤如下。

1) 在客户端计算机上新建 VPN 连接

(1) 以本地管理员账户登录到 VPN 客户端计算机 WIN10-1 上,依次选择"开始"→"Windows 系统"→"控制面板"→"网络和 Internet"→"网络和共享中心"命令,打开图 11-19 所示的"网络和共享中心"窗口。

(2) 单击"设置新的连接或网络"按钮,打开"设置连接或网络"对话框,通过该对话框可以建立连接以连接到 Internet 或专用网络,在此单击选中"连接到工作区"连接选项,如图 11-20 所示。

(3) 单击"下一步"按钮,打开"连接到工作区"对话框,在该对话框中指定使用 Internet 还是拨号方式连接到 VPN 服务器,在此单击选中"使用我的 Internet 连接(VPN)"选项,如图 11-21 所示。

图 11-19 "网络和共享中心"窗口

图 11-20 选择"连接到工作区"选项

（4）接着打开提示"你想在继续之前设置 Internet 连接吗？""连接到工作区"对话框，在该对话框中设置 Internet 连接。由于本任务 VPN 服务器和 VPN 客户机是物理直接连接在一起的，所以单击"我将稍后设置 Internet 连接"按钮，如图 11-22 所示。

（5）接着打开"键入要连接的 Internet 地址"对话框，在"Internet 地址"文本框中输入 VPN 服务器的外网网卡 IP 地址为 200.200.200.1，并设置目标名称为"VPN 连接"，如图 11-23 所示。

（6）单击"创建"按钮，创建 VPN 连接。

图 11-21　选择"使用我的 Internet 连接（VPN）"选项

图 11-22　设置 Internet 连接

2) 连接到 VPN 服务器

（1）右击"开始"菜单按钮，在弹出的快捷菜单中选择"网络连接"→VPN 命令，打开"设置"窗口，单击"VPN 连接"下的"连接"按钮，如图 11-24 所示，打开如图 11-25 所示的对话框。在该对话框中输入允许 VPN 连接的账户和密码，在此使用账户 administrator@long.com 建立连接。

（2）单击"确定"按钮，经过身份验证后即可连接到 VPN 服务器，在如图 11-26 所示的"设置"窗口中可以看到"VPN 连接"的状态是"已连接"。

键入要连接的 Internet 地址

网络管理员可提供此地址。

Internet 地址(I):　200.200.200.1

目标名称(E):　VPN 连接

☐ 使用智能卡(S)

☑ 记住我的凭据(R)

☐ 允许其他人使用此连接(A)
　　这个选项允许可以访问这台计算机的人使用此连接。

创建(C)　取消

图 11-23　输入要连接的 Internet 地址

图 11-24　设置 VPN 连接

图 11-25　VPN 连接登录界面

图 11-26 已经连接到 VPN 服务器效果

8. 验证 VPN 连接

当 VPN 客户端计算机 WIN10-1 连接到 VPN 服务器 DNS1 之后，可以访问公司内部局域网络中的共享资源，具体步骤如下。

1）查看 VPN 客户机获取到的 IP 地址

（1）在 VPN 客户端计算机 WIN10-1 上，打开 Windows PowerShell 或者命令提示符窗口，使用命令 ipconfig /all 查看 IP 地址信息，如图 11-27 所示，可以看到 VPN 连接获得的 IP 地址为 192.168.10.13。

图 11-27 查看 VPN 客户端计算机获取到的 IP 地址

（2）先后输入命令 ping 192.168.10.1 和 ping 192.168.10.2 测试 VPN 客户端计算机和 VPN 服务器以及内网计算机的连通性，但这时使用 ping 200.200.200.1 命令是不成功的，如图 11-28 所示。

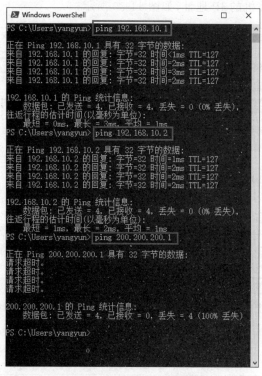

图 11-28　测试 VPN 连接

2）在 VPN 服务器上的验证

（1）以域管理员账户登录到 VPN 服务器上，在"路由和远程访问"控制台窗口中，展开服务器节点，单击选中"远程访问客户端"选项，在右窗格中显示连接时间以及连接的账户，这表明已经有一个客户端建立了 VPN 连接，如图 11-29 所示。

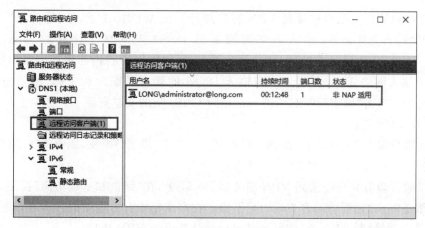

图 11-29　查看远程访问客户端

（2）单击选中"端口"选项，在右窗格中可以看到其中一个端口的状态是"活动"，表明有客户端连接到 VPN 服务器。

（3）双击该活动端口，打开"端口状态"对话框，在该对话框中显示连接时间、用户以及分配给 VPN 客户端计算机的 IP 地址，如图 11-30 所示。

图 11-30　VPN 活动端口状态

3）访问内部局域网的共享文件

（1）以管理员账户登录到内部网服务器 DNS2 上，在"计算机"管理器中创建文件夹 C:\share 作为测试目录，在该文件夹内存入一些文件，并将该文件夹共享给"特定用户"，比如 administrator。

（2）以本地管理员账户登录到 VPN 客户端计算机 WIN10-1 上，选择"开始"→"运行"命令，打开"运行"对话框，输入内部网服务器 DNS2 上共享文件夹的 UNC 路径为 \\192.168.10.2。由于已经连接到 VPN 服务器上，所以可以访问内部局域网络中的共享资源。但需要输入网络凭据，在这里一定输入 DNS2 的管理员账户和密码，不要输错了，如图 11-31 所示。单击"确定"按钮后，就可以访问 DNS2 上的共享资源了。

4）断开 VPN 连接

（1）在客户端 WIN10-1 上，如图 11-30 所示，单击"断开"按钮，断开客户端计算机的 VPN 连接。

（2）以域管理员账户登录到 VPN 服务器 DNS1 上，在"路由和远程访问"控制台窗口中依次展开服务器和"远程访问客户端（1）"节点。在右窗格中右击连接的远程客户端，在弹出的快捷菜单中选择"断开"命令，即可断开客户端计算机的 VPN 连接。

图 11-31　输入网络凭据

任务 11-2　配置 VPN 服务器的网络策略

任务要求如下：在 VPN 服务器 DNS1(见图 11-1)上创建网络策略"VPN 网络策略"，使得用户在进行 VPN 连接时使用该网络策略。具体步骤如下。

配置 VPN 服务器的网络策略

1. 新建网络策略

(1) 以域管理员账户登录到 VPN 服务器 DNS1 上，选择"开始"→"Windows 管理工具"→"网络策略服务器"命令，打开如图 11-32 所示的"网络策略服务器"控制台窗口。

图 11-32　"网络策略服务器"控制台窗口

(2) 右击"网络策略"选项,在弹出的快捷菜单中选择"新建"命令,打开"新建网络策略"向导,在"指定网络策略名称和连接类型"对话框中指定网络策略的名称为"VPN 策略",如图 11-33 所示,再指定"网络访问服务器的类型"为"远程访问服务器(VPN 拨号)"。

图 11-33　设置网络策略名称和连接类型

2. 指定网络策略条件中的日期和时间限制

(1) 单击"下一步"按钮,打开"指定条件"对话框,在该对话框中设置网络策略的条件,如日期和时间、用户组等。

(2) 单击"添加"按钮,打开"选择条件"对话框。在该对话框中选择要配置的条件属性,选择"日期和时间限制"选项,如图 11-34 所示。该选项表示每周允许和不允许用户连接的时间和日期。

图 11-34　选择条件

（3）单击"添加"按钮，打开"日期和时间限制"对话框，在该对话框中设置允许建立 VPN 连接的时间和日期，如图 11-35 所示。设置允许访问的时间，单击"确定"按钮。

图 11-35 设置日期和时间限制

（4）返回如图 11-36 所示的"指定条件"的对话框，从中可以看到已经添加了一条网络条件。

图 11-36 设置日期和时间限制后的效果

3. 授予远程访问权限

单击"下一步"按钮，打开"指定访问权限"对话框，在该对话框中指定连接访问权限是允许还是拒绝,在此选中"已授予访问权限"单选按钮,如图11-37所示。

图11-37 已授予访问权限

4. 配置身份验证方法

单击"下一步"按钮,打开如图11-38所示的"配置身份验证方法"对话框,在该对话框中指定身份验证的方法和EAP类型。

图11-38 配置身份验证方法

5. 配置约束

单击"下一步"按钮,打开"配置约束"对话框,在该对话框中配置网络策略的约束,如图 11-39 所示。

图 11-39　配置约束

6. 配置设置

单击"下一步"按钮,打开如图 11-40 所示的"配置设置"的对话框,在该对话框中配置此网络策略的设置,如 RADIUS 属性、多链路和带宽分配协议(BAP)、IP 筛选器、加密、IP 设置等。

图 11-40　配置设置

7. 正在完成新建网络策略

单击"下一步"按钮,打开提示"正在完成新建网络策略"的对话框,最后单击"完成"按钮即可完成网络策略的创建。

8. 设置用户远程访问权限

以域管理员账户登录到域控制器上 DNS1 上,打开"Active Directory 用户和计算机"控制台窗口,依次展开 long.com 和 Users 节点,右击用户 Administrator,在弹出的快捷菜单中选择"属性"命令,打开"Administrator 属性"对话框。单击选中"拨入"选项卡,在"网络访问权限"选项区域中选中"通过 NPS 网络策略控制访问"单选框,如图 11-41 所示,设置完毕单击"确定"按钮。

图 11-41　设置通过远程访问策略控制访问

9. 客户端测试能否连接到 VPN 服务器

以本地管理员账户登录到 VPN 客户端计算机 WIN10-1 上,打开 VPN 连接,以用户 administrator@long.com 账户连接到 VPN 服务器,此时是按网络策略进行身份验证的,验证成功,连接到 VPN 服务器。如果不成功,而是出现了如图 11-42 所示的提示错误连接界面,单击"更改适配器选项"按钮,在弹出的快捷菜单中选择"VPN 连接"命令,打开"VPN 连接属性"对话框,单击选中"安全"选项卡,选中"允许使用这些协议"单选按钮,如图 11-43 所示。完成后,重新启动计算机即可。

图 11-42 "警告"对话框

图 11-43 "VPN 连接 属性"对话框

11.4　习题

1. 填空题

（1）VPN 是＿＿＿＿＿的简称，中文是＿＿＿＿＿。

（2）一般来说，VPN 使用在以下两种场合：＿＿＿＿、＿＿＿＿。

（3）VPN 使用的两种隧道协议是＿＿＿＿和＿＿＿＿。

（4）在 Windows Server 的命令提示符下，可以使用＿＿＿＿命令查看本机的路由表信息。

（5）每个网络策略中都有以下 4 种类别的属性：＿＿＿＿、＿＿＿＿、＿＿＿＿、＿＿＿＿。

2. 简答题

（1）什么是专用地址和公用地址？

（2）简述 VPN 的连接过程。

（3）简述 VPN 的构成及应用场合。

11.5　实训项目　配置与管理 VPN 服务器实训

1. 实训目的

- 了解掌握使局域网内部的计算机连接到 Internet 的方法。
- 掌握使用 NAT 实现网络互联的方法。
- 掌握远程访问服务的实现方法。
- 掌握 VPN 的实现。

2. 项目环境

本项目根据如图 11-1 所示的环境来部署 VPN 服务器。

3. 项目要求

网络拓扑图如图 11-1 所示，完成以下任务。

（1）部署架设 VPN 服务器的需求和环境。

（2）为 VPN 服务器添加第二块网卡。

（3）添加"路由和远程访问服务"角色。

（4）配置并启用 VPN 服务。

（5）停止和启动 VPN 服务。

（6）配置域用户账户允许 VPN 连接。

（7）在 VPN 端建立并测试 VPN 连接。

（8）验证 VPN 连接。

（9）通过网络策略控制访问 VPN。

项目 12
配置与管理 NAT 服务器

项目背景

通过使用 Windows Server 2016 的网络地址转换（network address translation，NAT），可以让位于内部网络的多台计算机只需要共享一个 Public IP 地址，就可以同时连接因特网、浏览网页与收发电子邮件。

项目目标

- NAT 的基本概念和基本原理。
- NAT 网络地址转换的工作过程。
- 配置并测试 NAT 服务器。
- 外部网络主机访问内部 Web 服务器。
- DHCP 分配器与 DHCP 中继代理。

12.1 相关知识

NAT 服务器

12.1.1 NAT 概述

NAT 位于使用专用地址的 Intranet 和使用公用地址的 Internet 之间。从 Intranet 传出的数据包由 NAT 将它们的专用地址转换为公用地址。从 Internet 传入的数据包由 NAT 将它们的公用地址转换为专用地址。这样在内网中计算机使用未注册的专用 IP 地址，而在与外部网络通信时使用注册的公用 IP 地址，大大降低了连接成本。同时 NAT 也起到将内部网络隐藏起来，保护内部网络的作用，因为对外部用户来说只有使用公用 IP 地址的 NAT 是可见的。

12.1.2 认识 NAT 的工作过程

NAT 地址转换协议的工作过程主要有以下 4 个步骤。

（1）客户机将数据包发给运行 NAT 的计算机。

（2）NAT 将数据包中的端口号和专用的 IP 地址换成它自己的端口号和公用的 IP 地址，然后将数据包发给外部网络的目的主机，同时记录一个跟踪信息在映像表中，以便向客户机发送回答信息。

（3）外部网络发送回答信息给 NAT。

（4）NAT 将所收到的数据包的端口号和公用 IP 地址转换为客户机的端口号和内部网络使用的专用 IP 地址并转发给客户机。

以上步骤对于网络内部的主机和网络外部的主机都是透明的，对它们来讲就如同直接通信一样，如图 12-1 所示。担当 NAT 的计算机有两块网卡，两个 IP 地址。IP1 为 192.168.0.1，IP2 为 202.162.4.1。

图 12-1　NAT 的工作过程

下面举例来说明。

（1）IP 地址为 192.168.0.2 用户使用 Web 浏览器连接到 IP 地址为 202.202.163.1 的 Web 服务器，则用户计算机将创建带有下列信息的 IP 数据包。

- 目标 IP 地址：202.202.163.1。
- 源 IP 地址：192.168.0.2。
- 目标端口：TCP 端口 80。
- 源端口：TCP 端口 1350。

（2）IP 数据包转发到运行 NAT 的计算机上，它将传出的数据包地址转换成下面的形式，用自己的 IP 地址新打包后转发。

- 目标 IP 地址：202.202.163.1。
- 源 IP 地址：202.162.4.1。
- 目标端口：TCP 端口 80。
- 源端口：TCP 端口 2500。

（3）NAT 协议在表中保留了{192.168.0.2，TCP 1350}到{202.162.4.1，TCP 2500}的映射，以便回传。

（4）转发的 IP 数据包是通过 Internet 发送的。Web 服务器响应通过 NAT 协议发回和接收。当接收时，数据包包含下面的公用地址信息。

- 目标 IP 地址：202.162.4.1。
- 源 IP 地址：202.202.163.1。
- 目标端口：TCP 端口 2500。
- 源端口：TCP 端口 80。

（5）NAT 协议检查转换表，将公用地址映射到专用地址，并将数据包转发给 IP 地址为 192.168.0.2 的计算机。转发的数据包包含以下地址信息。

- 目标 IP 地址：192.168.0.2。

- 源 IP 地址：202.202.163.1。
- 目标端口：TCP 端口 1350。
- 源端口：TCP 端口 80。

提示　　对于来自 NAT 协议的传出数据包，源 IP 地址（专用地址）被映射到 ISP 分配的地址（公用地址），并且 TCP/IP 端口号也会被映射到不同的 TCP/IP 端口号。对于到 NAT 协议的传入数据包，目标 IP 地址（公用地址）被映射到源 Internet 地址（专用地址），并且 TCP/UDP 端口号被重新映射回源 TCP/UDP 端口号。

12.2　项目设计与准备

在架设 NAT 服务器之前，读者需要了解 NAT 服务器配置实例部署的需求和实训环境。

1. 部署需求

在部署 NAT 服务前需满足以下要求。

（1）设置 NAT 服务器的 TCP/IP 属性，手工指定 IP 地址、子网掩码、默认网关和 DNS 服务器 IP 地址等。

（2）部署域环境，域名为 long.com。

2. 部署环境

所有实例都被部署在如图 12-2 所示的网络环境下。DNS1、DNS2、DNS3、DNS4 是 VMware 的虚拟机。

图 12-2　架设 NAT 服务器网络拓扑图

NAT 服务器主机名为 DNS1，该服务器连接内部局域网网卡的 IP 地址为 192.168.10.1/24，连接外部网络网卡（WAN）的 IP 地址为 200.200.200.1/24；NAT 客户端主机名为

DNS2，同时也是内部 Web 服务器，其 IP 地址为 192.168.10.2/24，默认网关为 192.168.10.1；Internet 上的 Web 服务器主机名为 DNS3，IP 地址为 200.200.200.2/24。对 NAT 客户端 2 本项目中可以不进行配置。

安装"路由和远程访问"服务器

12.3　项目实施

任务 12-1　安装"路由和远程访问"服务器

1. 安装"路由和远程访问服务"角色服务

（1）首先按照图 12-2 所示的网络拓扑图配置各计算机的 IP 地址等参数。

（2）在计算机 DNS1 上通过"服务器管理器"窗口安装"路由和远程访问服务"角色服务。应注意安装的角色名称是"远程访问"。

2. 配置并启用 NAT 服务

在计算机 DNS1 上通过"路由和远程访问"控制台窗口配置并启用 NAT 服务，具体步骤如下。

（1）运行路由和远程访问服务器安装向导。以管理员账户登录到需要添加 NAT 服务的计算机 DNS1 上，打开"服务器管理器"窗口，选择"工具"→"路由和远程访问"命令，打开"路由和远程访问"控制台窗口。右击服务器 DNS1，在弹出的快捷菜单中选择"禁用路由和远程访问"命令（清除 VPN 实验的影响）。

（2）选择网络地址转换（NAT）。右击服务器 DNS1，在弹出的快捷菜单中选择"配置并启用路由和远程访问"命令，打开"路由和远程访问服务器安装向导"对话框，单击"下一步"按钮，打开"配置"的对话框，在该对话框中可以配置 NAT、VPN 以及路由服务，在此选中"网络地址转换（NAT）"单选按钮，如图 12-3 所示。

图 12-3　选择"网络地址转换（NAT）"

（3）选择连接到 Internet 的网络接口。单击"下一步"按钮，打开"NAT Internet 连接"对话框，在该对话框中指定连接到 Internet 的网络接口，即 NAT 服务器连接到外部网络的网卡。选中"使用此公共接口连接到 Internet"单选按钮，并选择接口为 Ethernet1，如图 12-4 所示。

图 12-4　选择连接到 Internet 的网络接口

（4）结束 NAT 配置。单击"下一步"按钮，打开提示"正在完成路由和远程访问服务器安装向导"的对话框，最后单击"完成"按钮，即可完成 NAT 服务的配置和启用。

3. 停止 NAT 服务

可以使用"路由和远程访问"控制台窗口停止 NAT 服务，具体步骤如下。

（1）以管理员账户登录到 NAT 服务器上，打开"路由和远程访问"控制台窗口，NAT 服务启用后显示绿色向上标识箭头。

（2）右击服务器，在弹出的快捷菜单中选择"所有任务"→"停止"命令，停止 NAT 服务。

（3）NAT 服务停止以后，显示红色向下标识箭头，表示 NAT 服务已停止。

4. 禁用 NAT 服务

要禁用 NAT 服务，可以使用"路由和远程访问"控制台，具体步骤如下。

（1）以管理员账户登录到 NAT 服务器上，打开"路由和远程访问"控制台窗口，右击服务器，在弹出的快捷菜单中选择"禁用路由和远程访问"命令。

（2）接着弹出"禁用 NAT 服务警告信息"对话框。该警告信息表示禁用路由和远程访问服务后，要重新启用路由器，需要重新配置。

（3）禁用路由和远程访问后的控制台界面，显示红色向下标识箭头。

任务 12-2　NAT 客户端计算机配置和测试

配置 NAT 客户端计算机,并测试内部网络和外部网络计算机之间的连通性,步骤如下。

1. 设置 NAT 客户端计算机网关地址

以管理员账户登录 NAT 客户端计算机 DNS2,打开"Internet 协议版本 4(TCP/IPv4)属性"对话框。设置其"默认网关"的 IP 地址为 NAT 服务器的 LAN 网卡的 IP 地址,在此输入 192.168.10.1,如图 12-5 所示,最后单击"确定"按钮。

图 12-5　设置 NAT 客户端的网关地址

2. 测试内部 NAT 客户端与外部网络计算机的连通性

在 NAT 客户端计算机 DNS2 上打开"命令提示符"窗口,测试与 Internet 上的 Web 服务器(DNS3)的连通性,输入命令 ping 200.200.200.2,如图 12-6 所示,显示能连通。

3. 测试外部网络计算机与 NAT 服务器、内部 NAT 客户端的连通性

以管理员账户登录到外部网络计算机 DNS3 上,打开"命令提示符"窗口,依次使用命令 ping 200.200.200.1、ping 192.168.10.1、ping 192.168.10.2,测试外部计算机 DNS3 与 NAT 服务器外网卡和内网卡以及内部网络计算机的连通性,如图 12-7 所示,除 NAT 服务器外网卡外均不能连通。

任务 12-3　外部网络主机访问内部 Web 服务器

要让外部网络的计算机 DNS3 能够访问内部 Web 服务器 DNS2,具体步骤如下。

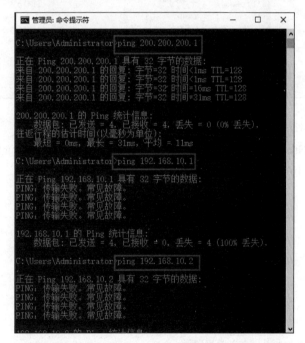

图 12-6　测试 NAT 客户端与外部计算机的连通性

图 12-7　测试外部计算机与 NAT 服务器、内部 NAT 客户端的连通性

1. 在内部网络计算机 DNS2 上安装 Web 服务器

在 DNS2 上安装 Web 服务器。

2. 将内部网络计算机 DNS2 配置成 NAT 客户端

以管理员账户登录 NAT 客户端计算机 DNS2，打开"Internet 协议版本 4（TCP/IPv4）属性"对话框，设置其"默认网关"的 IP 地址为 NAT 服务器的内网网卡（LAN）的 IP 地址，在此输入 192.168.10.1，最后单击"确定"按钮。

使用端口映射等功能时，内部网络计算机一定要配置成 NAT 客户端。

3. 设置端口地址转换

（1）以管理员账户登录到 NAT 服务器上，打开"路由和远程访问"控制台窗口，依次展开服务器 DNS1 和 IPv4 节点，单击选中 NAT 选项，在右窗格中，右击 NAT 服务器的外网网卡 Ethernet1，在弹出的快捷菜单中选择"属性"命令，如图 12-8 所示，打开"Ethernet1 属性"对话框。

图 12-8　选择"属性"命令

（2）在打开的"Ethernet1 属性"对话框中，单击选中如图 12-9 所示的"服务和端口"选项卡，在此可以设置将 Internet 用户重定向到内部网络上的服务。

图 12-9　单击选中"服务和端口"选项卡

（3）选中"服务"列表中的"Web 服务器（HTTP）"复选框，会打开"编辑服务"对话框，在"专用地址"文本框中输入安装 Web 服务器的内部网络计算机 IP 地址，在此输入 192.168.10.2，如图 12-10 所示，最后单击"确定"按钮。

图 12-10   编辑服务

（4）返回"Ethernet1 属性"对话框，可以看到已经选中了"Web 服务器（HTTP）"复选框，然后单击"应用"→"确定"按钮，可完成端口地址转换的设置。

4. 从外部网络访问内部 Web 服务器

（1）以管理员账户登录到外部网络的计算机 DNS3 上。

（2）打开 IE 浏览器，输入 http://200.200.200.1，会打开内部计算机 DNS2 上的 Web 网站。请读者试一试。

200.200.200.1 是 NAT 服务器外部网卡的 IP 地址。

5. 在 NAT 服务器上查看地址转换信息

（1）以管理员账户登录到 NAT 服务器 DNS1 上。打开"路由和远程访问"控制台窗口，依次展开服务器 DNS1 和 IPv4 节点，单击选中 NAT 选项，在右窗格中显示 NAT 服务器正在使用的连接内部网络的网络接口。

（2）右击 Ethernet1 选项，在弹出的快捷菜单中选择"显示映射"命令，打开如图 12-11 所示的"DNS1-网络地址转换会话映射表格"对话框，显示信息表示通过外部网络计算机（IP

地址为 200.200.200.2)可访问到内部网络计算机(IP 地址为 192.168.10.2)的 Web 服务，NAT 服务器将 NAT 服务器外网卡 IP 地址 200.200.200.1 转换成了内部网络计算机 IP 地址 192.168.10.2。

图 12-11　网络地址转换会话映射表格

任务 12-4　配置筛选器

数据包筛选器用于 IP 数据包的过滤。数据包筛选器分为入站筛选器和出站筛选器，分别对应接收到的数据包和发出去的数据包。对于某一个接口而言，入站数据包指的是从此接口接收到的数据包，而无论此数据包的源 IP 地址和目的 IP 地址；出站数据包指的是从此接口发出的数据包，而无论此数据包的源 IP 地址和目的 IP 地址。

可以在入站筛选器和出站筛选器中定义 NAT 服务器只是允许筛选器中所定义的 IP 数据包或者允许除了筛选器中定义的 IP 数据包外的所有数据包，对于没有允许的数据包，NAT 服务器默认将会丢弃此数据包。

任务 12-5　设置 NAT 客户端

局域网 NAT 客户端只要修改 TCP/IP 的设置即可。可以选择以下两种设置方式。

1. 自动获得 TCP/IP

此时客户端会自动向 NAT 服务器或 DHCP 服务器来获取 IP 地址、默认网关、DNS 服务器的 IP 地址等设置。

2. 手工设置 TCP/IP

手工设置 IP 地址要求客户端的 IP 地址必须与 NAT 局域网接口的 IP 地址在相同的网段内，也就是网络 ID 必须相同。默认网关必须设置为 NAT 局域网接口的 IP 地址，本例中为 192.168.10.1。首选 DNS 服务器可以设置为 NAT 局域网接口的 IP 地址，或是任何一台合法的 DNS 服务器的 IP 地址。

完成后，客户端的用户只要上网、收发电子邮件、连接 FTP 服务器等，NAT 就会自动通过 PPPoE 请求拨号来连接 Internet。

任务 12-6　配置 DHCP 分配器与 DNS 代理

NAT 服务器另外还具备以下两个功能。
* DHCP 分配器(DHCP allocator)：用来分配 IP 地址给内部的局域网客户端计算机。
* DNS 代理(DNS proxy)：可以替局域网内的计算机来查询 IP 地址。

1. DHCP 分配器

DHCP 分配器扮演着类似 DHCP 服务器的角色，用来给内部网络的客户端分配 IP 地

址。若要修改 DHCP 分配器设置,在"路由和远程访问"窗口展开 IPv4 节点,单击选中 NAT
选项,单击上方的属性图标,在弹出的"NAT 属性"对话框中单击选中"地址分配"选项卡,如
图 12-12 所示。

图 12-12　NAT 属性设置—地址分配

　在配置 NAT 服务器时,若系统检测到内部网络上有 DHCP 服务器,它就不
会自动启动 DHCP 分配器。

　　如图 12-12 所示,DHCP 分配器分配给客户端的 IP 地址的网络标识符为 192.168.10.0,
这个默认值是根据 NAT 服务器内网卡的 IP 地址(192.168.10.1)产生的。可以修改此默认
值,不过必须与 NAT 服务器内网卡 IP 地址一致,也就是网络 ID 需相同。

　　若内部网络内某些计算机的 IP 地址是手工输入的,且这些 IP 地址位于上述 IP 地址范
围内,则请通过单击对话框中的"排除"按钮来将这些 IP 地址排除,以免这些 IP 地址被发放
给其他客户端计算机。

　　若内部网络包含多个子网或 NAT 服务器拥有多个专用网接口,由于 NAT 服务器的
DHCP 分配器只能够分配一个网段的 IP 地址,因此其他网络内的计算机的 IP 地址需手动
设置或另外通过其他 DHCP 服务器来分配。

2. DNS 代理

　　当内部计算机需要查询主机的 IP 地址时,它们可以将查询请求发送到 NAT 服务
器,然后由 NAT 服务器的 DNS 代理来替它们查询 IP 地址。可以通过如图 12-13 所示
的"名称解析"选项卡来启动或修改 DNS 代理的设置。选中"使用域名系统(DNS)的客
户端"复选框,表示要启用 DNS 代理的功能,以后只要客户端要查询主机的 IP 地址时
(这些主机可能位于因特网或内部网络),NAT 服务器都可以代替客户端来向 DNS 服
务器查询。

　　NAT 服务器会向哪一台 DNS 服务器查询呢? 它会向其 TCP/IP 配置处的首选 DNS
服务器(备用 DNS 服务器)来查询。若此 DNS 服务器位于因特网内,而且 NAT 服务器是通
过 PPPoE 请求拨号来连接因特网,则请选中如图 12-13 所示的"当名称需要解析时连接到公

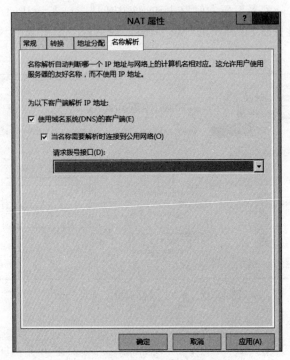

图 12-13　NAT 属性设置—名称解析

用网络"复选框，以便让 NAT 服务器可以自动利用 PPPoE 请求拨号（例如 Hinet）来连接因特网。

12.4　习题

1. 填空题

（1）NAT 是＿＿＿＿＿＿的简称，中文是＿＿＿＿＿＿。

（2）NAT 位于使用专用地址的＿＿＿＿＿＿和使用公用地址的＿＿＿＿＿＿之间。从 Intranet 传出的数据包由 NAT 将它们的＿＿＿＿＿＿地址转换为＿＿＿＿＿＿地址。从 Internet 传入的数据包由 NAT 将它们的＿＿＿＿＿＿地址转换为＿＿＿＿＿＿地址。

（3）NAT 也起到将＿＿＿＿＿＿网络隐藏起来，保护＿＿＿＿＿＿网络的作用，因为对外部用户来说只有使用＿＿＿＿＿＿地址的 NAT 是可见的。

（4）利用 NAT 可让位于内部网络的多台计算机只需要共享一个 Public IP 地址，就可以同时连接因特网、浏览网页与收发电子邮件。

2. 简答题

（1）网络地址转换 NAT 的功能是什么？

（2）简述地址转换的原理，即 NAT 的工作过程。

（3）下列不同技术有何异同？

①NAT 与路由的比较；②NAT 与代理服务器；③NAT 与 Internet 共享。

12.5　实训项目　配置与管理 NAT 服务器实训

1. 实训目的
- 掌握使局域网内部的计算机连接到 Internet 的方法。
- 掌握使用 NAT 实现网络互联的方法。
- 掌握远程访问服务的实现方法。

2. 项目环境
本项目根据如图 12-2 所示的环境来部署 NAT 服务器。

3. 项目要求
根据图 12-2 所示网络拓扑图完成以下任务。

（1）部署架设 NAT 服务器的需求和环境。

（2）安装"路由和远程访问服务"角色服务。

（3）配置并启用 NAT 服务。

（4）停止 NAT 服务。

（5）禁用 NAT 服务。

（6）NAT 客户端计算机配置和测试。

（7）外部网络主机访问内部 Web 服务器。

（8）配置筛选器。

（9）设置 NAT 客户端。

（10）配置 DHCP 分配器与 DNS 代理。

电 子 活 页

1. 利用 VMware Workstation 构建网络环境

链接克隆虚拟机　　修改系统 SID 和配　　启用 LAN 路由　　测试客户机和域服
　　　　　　　　　置网络适配器　　　　　　　　　　　务器的连通性

2. 使用组策略管理用户工作环境

管理计算机配置的　　管理用户配置的管　　配置账户策略　　配置用户权限分配　　配置安全选项策略
管理模板策略　　　　理模板策略　　　　　　　　　　　　　策略

登录注销及启动关　　文件夹重定向　　　使用组策略限制访　　使用组策略的首选
机脚本　　　　　　　　　　　　　　　问可移动存储设备　　项管理用户环境

3. 利用组策略部署软件与限制软件的运行

计算机分配　　　　用户分配软件部署　　用户发布软件部署　　对软件进行升级　　对特定软件启用软
软件部署　　　　　　　　　　　　　　　　　　　　　　和重新部署　　　件限制策略

4. 管理组策略

组策略的备份、还　　使用 WMI 筛选器　　管理组策略的委派　　设置和使用
原与查看组策略　　　　　　　　　　　　　　　　　　　　Starter GPO

5. 配置远程桌面连接

配置远程桌面连接 　　设置远程计算机 　　远程桌面连接的高 　　在本地计算机利用 　　远程桌面 Web 连接
　　　　　　　　　　　　　　　　　　　级设置 　　　　　远程桌面连接远程
　　　　　　　　　　　　　　　　　　　　　　　　　　计算机

6. 综合实训

综合实训 1 　　　综合实训 2

参考文献

[1] 杨云,康志辉.网络服务器搭建、配置与管理——Windows Server[M].2 版.北京：清华大学出版社,2015.

[2] 杨云.网络服务器配置与管理项目教程(Windows & Linux)[M].北京：清华大学出版社,2015.

[3] 杨云.计算机网络项目实训教程[M].北京：清华大学出版社,2014.

[4] 杨云,汪辉进.Windows Server 2012 网络操作系统项目教程[M].4 版.北京：人民邮电出版社,2016.

[5] 杨云.Windows Server 2008 组网技术与实训[M].3 版.北京：人民邮电出版社,2015.

[6] 杨云,邹汪平.Windows Server 2008 网络操作系统项目教程[M].3 版.北京：人民邮电出版社,2015.

[7] 杨云.Windows Server 2003 组网技术与实训[M].2 版.北京：人民邮电出版社,2012.